システム制御工学シリーズ　14

プロセス制御システム

工学博士　大嶋　正裕　著

コロナ社

システム制御工学シリーズ編集委員会

編集委員長　池田　雅夫（大阪大学・工学博士）
編 集 委 員　足立　修一（宇都宮大学・工学博士）
　（五十音順）　梶原　宏之（九州大学・工学博士）
　　　　　　　　杉江　俊治（京都大学・工学博士）
　　　　　　　　藤田　政之（金沢大学・工学博士）

（所属は編集当時のものによる）

刊行のことば

　わが国において，制御工学が学問として形を現してから，50年近くが経過した．その間，産業界でその有用性が証明されるとともに，学界においてはつねに新たな理論の開発がなされてきた．その意味で，すでに成熟期に入っているとともに，まだ発展期でもある．

　これまで，制御工学は，すべての製造業において，製品の精度の改善や高性能化，製造プロセスにおける生産性の向上などのために大きな貢献をしてきた．また，航空機，自動車，列車，船舶などの高速化と安全性の向上および省エネルギーのためにも不可欠であった．最近は，高層ビルや巨大橋梁（きょうりょう）の建設にも大きな役割を果たしている．将来は，地球温暖化の防止や有害物質の排出規制などの環境問題の解決にも，制御工学はなくてはならないものになるであろう．今後，制御工学は工学のより多くの分野に，いっそう浸透していくと予想される．

　このような時代背景から，制御工学はその専門の技術者だけでなく，専門を問わず多くの技術者が習得すべき学問・技術へと広がりつつある．制御工学，特にその中心をなすシステム制御理論は難解であるという声をよく耳にするが，制御工学が広まるためには，非専門のひとにとっても理解しやすく書かれた教科書が必要である．この考えに基づき企画されたのが，本「システム制御工学シリーズ」である．

　本シリーズは，レベル0（第1巻），レベル1（第2〜7巻），レベル2（第8巻以降）の三つのレベルで構成されている．読者対象としては，大学の場合，レベル0は1,2年生程度，レベル1は2,3年生程度，レベル2は制御工学を専門の一つとする学科では3年生から大学院生，制御工学を主要な専門としない学科では4年生から大学院生を想定している．レベル0は，特別な予備知識なしに，制御工学とはなにかが理解できることを意図している．レベル1は，少

し数学的予備知識を必要とし，システム制御理論の基礎の習熟を意図している。レベル2は少し高度な制御理論や各種の制御対象に応じた制御法を述べるもので，専門書的色彩も含んでいるが，平易な説明に努めている。

　1990年代におけるコンピュータ環境の大きな変化，すなわちハードウェアの高速化とソフトウェアの使いやすさは，制御工学の世界にも大きな影響を与えた。だれもが容易に高度な理論を実際に用いることができるようになった。そして，数学の解析的な側面が強かったシステム制御理論が，最近は数値計算を強く意識するようになり，性格を変えつつある。本シリーズは，そのような傾向も反映するように，現在，第一線で活躍されており，今後も発展が期待される方々に執筆を依頼した。その方々の新しい感性で書かれた教科書が制御工学へのニーズに応え，制御工学のよりいっそうの社会的貢献に寄与できれば，幸いである。

1998年12月

編集委員長　池　田　雅　夫

まえがき

　大学で，伝達関数中心の古典制御理論の教科書を使ったプロセス制御の授業を受けたのが十数年前であった．当時，私にはプロセス制御と古典制御理論との関連はもとより，なにがプロセス制御であるのかもわからなかった．「プロセス制御 = PID 制御」の理解でよいともいわれた．しかし，その後，プロセス制御の研究に携わり，実際にプロセス制御に携わるさまざまなエンジニアの方々から教えを請う中で，少しずつプロセス制御と機械・電子制御などほかの分野の制御系との違いがわかり始めた．また，その十数年の間に，プロセス制御の理論自体も単なる PID 制御からモデル予測制御へと大きく発展し進んだ．理論の生産現場への適用・実用化は，製造産業の生産形態の変化や製品のさらなる高品質への希求から，どの分野よりも大きく進んだといっても過言でない．そのような時代を，研究者として過ごし，プロセス制御がなんであるかが少しわかってきた人間として，自分が学んできたものをわかりやすく人に伝えたい．本書を執筆するにあたり，できる限り，機械・電子制御の系の古典制御の教科書とは異なる内容のものにすることを目指した．そういった意味で本書では，プロセス制御システムの設計の基礎から応用までを，化学工学を専攻していない人にも，順に学んでいけるようにまとめたつもりである．特に，化学プロセスを具体的対象に，物理モデルの構築の仕方をはじめ，プロセス制御の分野から提案されたモデル予測制御や内部モデル制御 (internal model control) の基礎的な理論およびそれらの理論と従来の PID 制御との関連についても述べている．

　また，化学系においてプロセス制御を学習する人をも本書の対象読者とするため，制御理論については初歩的なところから話し始め，できるだけ複雑な数学は本文では使わず，ラプラス変換については最低限必要な内容を付録にまと

めることにした。したがって，本シリーズを最初から読んでこられた読者の方にとっては，理論的なところに物足りなさを感じるかもしれない。制御理論を一通り勉強されて理論的な興味が強い方は，本書の1，2章を読んでプロセス制御の目指すところを読み取っていただき，その後，5～7章のIMCとモデル予測制御に進んでいただければよいと思う。また，化学プロセスのダイナミクスやモデリングに興味のある方は，4章を中心に読んでいただければ幸いである。化学系のプロセス制御の講義には，1～5章を学部用，6～7章を大学院用の教材とするのも適切かと思う。また，演習問題ではMATLABやSimulinkの演習にもなるような問題を作っている。それも，一つの化学プロセスを章をわたって，順に，モデリング，PID制御，多変数制御していくような形で演習問題を用意している。

　本書の執筆にあたり，京都大学工学研究科の橋本伊織先生，杉江俊治先生，長谷部伸治先生，加納学先生，神戸大学工学部の大野弘先生，名古屋工業大学の橋本芳宏先生，産業界からは，三菱化学の小河守正氏，昭和電工の武田真人氏をはじめ多くの方々からコメントをいただいた。ここに記して感謝したい。また，本書の前半部分は，著者がMITに93年に滞在したとき受けた，George Stephanopoulos博士のプロセス制御の授業のノートおよび教科書「Chemical Process Control ― An Introduction to Theory and Practice」を参考にしてまとめている。授業や研究を通してプロセス制御とはなにかを目覚めさせてくださった博士にあらためて感謝したい。

　最後に本書の執筆のご依頼を受けたのは，著者が宮崎大学に所属していたときであった。それ以来8年の歳月が流れた。その間，寛容に本書の脱稿を待ってくださった編集の先生方ならびにコロナ社の方々に感謝する。

2003年5月

大　嶋　正　裕

目　次

1. プラントとプロセス制御

1.1　はじめに *1*
1.2　プロセスとプロセス制御 *2*
1.3　プロセス制御の三つの役割 *5*
1.4　制御の基本的考え方 *9*
　1.4.1　フィードバック制御の考え方 *10*
　1.4.2　フィードフォワード制御の考え方 *13*
演習問題 *15*

2. プロセス制御システム設計の基本ステップ

2.1　システム設計の基本ステップ *17*
2.2　制御目的の明確化 *18*
2.3　測定（計測）する変数の選定 *20*
2.4　操作変数の選定 *24*
2.5　制御構造の決定 *26*
　2.5.1　多重ループ制御 *28*
　2.5.2　カスケード制御 *32*
　2.5.3　レシオ制御 *34*
　2.5.4　選択制御 *35*
2.6　コントローラの設計 *42*
　2.6.1　On-Off 制御 *42*
　2.6.2　PID 制御 *43*

2.7 実　　　装 *47*
　2.7.1 無次元化と比例帯 *47*
　2.7.2 計 装 記 号 *49*
　2.7.3 制御系とハードウェア *51*
演 習 問 題 *51*

3.　プロセス制御とハードウェア

3.1 プロセス制御系のハードウェア構成 *55*
3.2 プロセス変数とセンサ *57*
3.3 伝送器と変換器 *57*
　3.3.1 D/A と A/D 変換器 *57*
　3.3.2 変換器の測定精度 *59*
3.4 アクチュエータ *62*
　3.4.1 バルブ（弁） *62*
　3.4.2 ポンプ・圧縮機 *67*
演 習 問 題 *69*

4.　プロセスモデリング

4.1 物理モデリング *71*
　4.1.1 物 質 収 支 *73*
　4.1.2 エネルギー収支 *75*
4.2 プロセス自由度と制御自由度 *89*
4.3 プロセスの伝達関数・ブロック線図表現 *95*
4.4 ブロック線図 *102*
4.5 ブラックボックスモデル *104*
　4.5.1 一次遅れ＋むだ時間系 *105*
　4.5.2 二次遅れ系 *106*

4.5.3　積　分　系	*107*
演　習　問　題	*108*

5.　コントローラの設計 1 — S I S O 系 —

5.1　内部モデル制御の基本的考え方	*112*
5.2　内部モデル制御と PID 制御	*118*
5.3　安　　定　　性	*121*
5.4　内部モデル制御系の安定性と制御性	*125*
5.5　その他のモデルベースド制御と PID 制御	*127*
5.5.1　I-PD 制御	*127*
5.5.2　一般モデル制御　GMC	*130*
演　習　問　題	*132*

6.　コントローラの設計 2 — 多重ループ制御 —

6.1　フィードフォワード制御と内部モデル制御	*133*
6.2　カスケード制御と内部モデル制御	*134*
6.3　多重ループ制御	*136*
6.3.1　干　渉　指　数	*137*
6.3.2　多重ループ制御系の設計 — 最大 Log モジュラス法 ...	*144*
演　習　問　題	*146*

7.　コントローラの設計 3 — 多変数制御 —

7.1　内部モデル制御による多変数制御系設計	*152*
7.2　モデル予測制御の基本的考え方	*155*
7.3　制御アルゴリズム — SISO 系	*157*

7.3.1	出力の挙動を計算するためのモデル	*157*
7.3.2	出力予測式	*163*
7.3.3	参照軌道	*164*
7.3.4	操作量の決定	*166*
7.3.5	チューニングガイドライン	*167*
7.4	多変数系のモデル予測制御	*168*
演習問題		*171*

付録　ラプラス変換 *173*

1 定　　　義 *173*
2 ラプラス変換の特性 *173*
3 プロセス制御で頻繁に出てくる関数のラプラス変換 *174*

引用・参考文献 *175*
演習問題の解答 *178*
索　　引 *192*

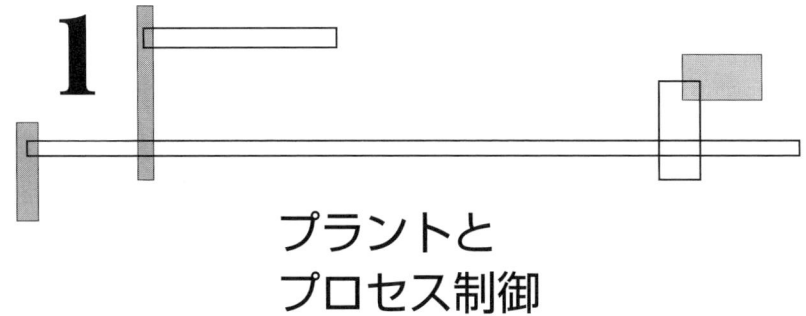

プラントと
プロセス制御

本章では，プロセス産業とはなにかからはじめ，その産業のなかでプロセス制御の果たす役割について学ぶ。

1.1　は　じ　め　に

　私たちの身の回りには，医薬品，化粧品，電化製品，自動車などさまざまな工業製品が溢れている。それらの工業製品がどのような材料から作られているかを見てみると，プラスチックなどの化学材料であったり，鋼鉄やシリコンウエハなどの金属材料であったり電子材料であったりする。それらの材料は，すべて鉄鉱石や石油あるいはほかの化学物質を原料として，ある種のエネルギーを人為的に加え，化学的・物理的変化を起こすことにより性状を変える工程を経て作られている。その一連の製造工程を**プロセス** (process) と呼ぶことから，そのような製造法をとる鉄鋼製鉄工業，石油工業，化学工業，製紙工業，ガス工業，セメント工業，食品工業などの産業を総称して**プロセス産業** (process industries) と呼ぶ (一方で，各種部品を組み立てることによって製品を作っている自動車産業やパソコン・家電産業を組立産業と呼ぶ)。

　本書では，このプロセス産業において必要とされる制御システム，(これを**プロセス制御システム** (process control system) と呼ぶ) について学んでいこう。

1.2 プロセスとプロセス制御

プロセス産業のなかのプロセスは多種多様で複雑であるが，基本的には図 1.1 に示すように，原料の調整工程，反応工程，分離・精製工程ならびに加工・最終処理工程から成り立っているといえよう。例えば，**原料の調整工程**では，原料から不純物を取り去り，適切な温度や圧力にしてつぎの工程に送る作業がなされる。また，**反応工程**では，送られてきた原料に化学変化を起こし，目的とする物質を生成させる。そのとき副次的な反応が起こり不要な副生成物ができたり，原料を目的物質に完全に変化させきれないことが往々にしてある。その副生成物と目的物質を分離したり，未反応原料を取り出すために，つぎの**分離・精製工程**がある。その工程では副生成物や未反応原料を目的物質から分離し，未反応原料はリサイクルして使用する。副生成物はほかの製品の原料になるのであれば，その製造工程に供給し，不要であれば環境に悪影響を与えないように処理して排出される。一方，目的物質は**最終処理工程**で，性状や形状を整えるなどされて製品として市場に出荷される。

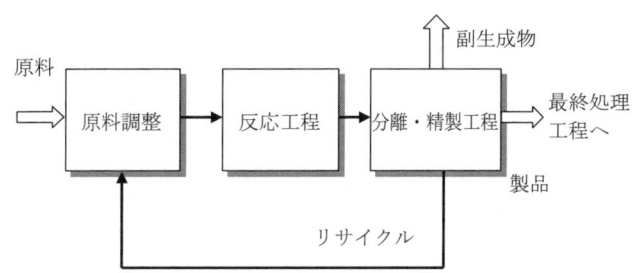

図 1.1 製造プロセスでの大まかな物質の流れ [11]

それぞれの工程で，目的に応じてさまざまな装置や機械が使われるが，それらのプロセスを非常に大雑把に描いてしまうと，図 1.2 のように，低品位で安価な原料やエネルギーを必要な量だけ取り入れて，より付加価値の高い製品を必要な量だけ作り出していることとなる（図 1.2 に，必要な量の原料やエネルギーをプロセスに流入させるための装置と，希望の量の製品を取り出すための

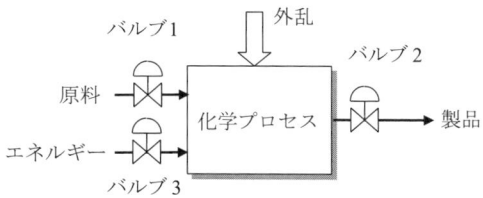

図1.2 化学プロセスでの物質・熱の出入り

装置の意味でバルブ(弁)を描いておくことにしよう)。

「作りたい製品がなにで，どれだけの量が必要か？」を定めたときに，「どれだけの量の原料およびエネルギーが必要となるのか？」，また，その原料を処理・加工して製品にするために「どれだけの大きさ・能力の装置が必要か？」という問題に答えるのが**プロセス設計法**であったり装置設計法と呼ばれる学問である。さて，その学問で学ぶように原料から所定の製品が生産できるようにプロセスを一度設計してしまえば，あとはなにもしなくてもいつも思ったとおりに製品が作れるだろうか。答は，当然「No!」である。例えば，作っている製品が売れなくなったらどうすべきであろうか。売れないものをいつまでも作っていたのでは，経済的に損である。当然，製品の生産量を減らそうとするであろう。生産量を減らすためには，プロセスの製品の取り出しバルブ(図1.2のバルブ2)を閉めるであろう。それに伴い，原料やエネルギーの流れを調節するバルブの開度も操作しなければならない。逆に，製品が売れに売れるのであれば，この逆の操作をする必要が出てくるであろう。また，もし中東で戦争が起こったら，東南アジア産の石油を全面的に使わざるを得ないなど，プロセスに供給している原料が経済的・政治的な理由からも変わることも少なくない。さらに，各プロセスで使われている装置(ここでは装置群のことは**プラント**と呼ぶ)も，使っているうちに劣化して，当初計算したほどの性能が出せなくなるかもしれない。化学プロセスの中には，低気圧が近づいてくると性能が変化する装置(蒸留プロセスがその典型)もある。

このように現実の製造プロセスは，さまざまな形で乱され時々刻々変化している。製品を作るためには，その変化に応じてプロセスの運転条件を変えなければならない。プロセスを乱すさまざまな要因は，総称して**外乱** (disturbance)

と呼ばれる．外乱でプロセスが乱され，各装置の安全性はもとより，製品の量や品質に影響が及ぶようなとき，原料，エネルギー，製品の流量などを操作して，外乱の影響をすばやく抑え，装置を安全に動かし，目的の製品を作り続けられるような状態にプロセスを戻さねばならない．

例題 1.1 図 1.3 のようなオレンジジュース製造プロセスがあるとする[†]．このプロセスは，オレンジを搾ったあと (原料調整工程)，果汁を濃縮し冷却する (分離・精製工程)．その後，希釈水と混ぜて (後処理工程) 果汁濃度を調節したあと，缶詰め工程に送り缶ジュースを作っている．ジュースの売れ行きが悪くなり減産せざるを得ず，バルブ 1 の開度を少し閉めたとしよう．それに伴い，どのような操作をしなければならないか述べよ[46]．

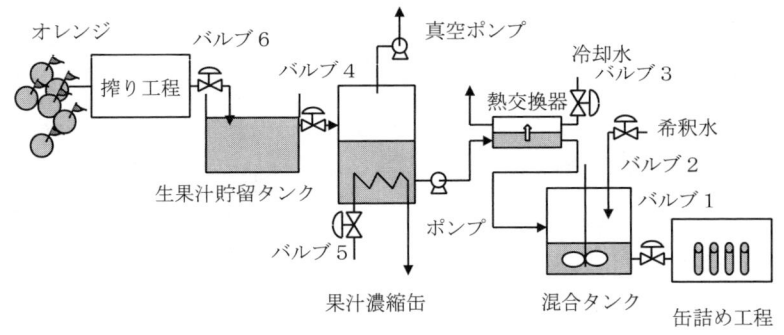

図 1.3　オレンジジュース製造プロセス

【解答】　1.　ポンプを調整し，混合タンクに流入する濃縮果汁の量を減らす．
2.　濃度を保つためにバルブ 2 を閉め，希釈水の流量を減らす．
3.　バルブ 3 を閉め冷却水量を減らし，混合タンクに入る濃縮果汁の温度を保つ．
4.　バルブ 4 を閉め濃縮プロセス (水分や不純物を熱を加えて蒸発させるプロセス) への流入量を減らす．
5.　濃縮プロセスで処理する生ジュースの量が減るのに伴って，バルブ 5 を閉め，濃縮処理に使う熱も減らす．

[†] 濃縮した後，すぐに希釈する本例題のようなジュース製造プロセスは，現実には存在しないだろう．ここでは問題への取り組みやすさから，あえてこのようなプロセスを仮想した．

6. 生ジュースの貯留タンクが溢れないように，バルブ 6 を閉め，搾り工程からの流入量を減らす．
7. 搾り工程でのオレンジの処理量を減らす．
8. オレンジの入荷量を減らす． ◇

このように，一つの製造プロセスを経済的にかつ安全に動かすには，さまざまな，きめこまかい操作が必要となる．

1.3 プロセス制御の三つの役割

外乱の中には，持続的にプロセスを乱すものや，予期せぬときに起こるものも多い．したがって，そのような外乱に対処するためには，つねにプロセスの運転状態を監視し操作する必要がでてくる．上述したような操作や生産管理のための運転も含めて，それらの仕事をすべて人間[†]に任せてしまうのでは，仕事の負担が大きくなりすぎ無理がある．そこで，この運転をコンピュータで行うとするのがコンピュータ制御運転であり，それを実現するのが**プロセス制御システム**，そのシステムを構築するための工学が**プロセス制御** (process control) なのである．

プロセス制御システムは，製造プロセスを乱す上述したような外乱に対処するためだけではなく，プロセスでの"もの作り"に関連するつぎのような目的を達成するために必要となる．

1. **安全性** (safety) の確保：プロセスで爆発などの事故を起こさない，異常反応を防ぐ，装置を不安定にしないなど，プロセスの安全運転を確保する．
2. **生産性** (productivity) の向上：所定の製品を所定の量だけ高効率，もしくは最大の量で生産する．
3. **経済性** (economics) の向上：原料価格・エネルギー・人件費・資本の点で最適な状況で運転する．最小運転コスト・最大利潤を達成する運転を

[†] プロセスを運転する人を運転員あるいは**オペレータ**と呼ぶ．

する。

4. **品質** (quality) の向上：製品の品質の絶対的な良さを向上させ，同時に品質のバラツキを少なくする。
5. **柔軟性** (flexibility) の確保：生産量・製品仕様の変動に対して，操作条件を変えて柔軟に対応する。
6. **環境保護・規制の遵守** (enviromental regulation)：製造プロセスからできるだけ廃棄物を発生させない。有害物質を出さない。

これらの目的達成のために，制御システムが果たす役割はつぎの三つとなる。

1. **外乱の抑制**：外乱がプロセスに与える影響をすばやく抑える。
2. **安定化**：プロセスを安全に運転する。不安定なプロセスを安定化する。
3. **性能の最適化**：プロセスを，より経済性・生産性の高い状態に移行し保つ。

例題 1.2 図 1.4 (a)(b) のような 2 種類の混合タンクを考える。どちらのタンクも 2 種類の液を流入し混ぜて，その混合液を抜き出している。

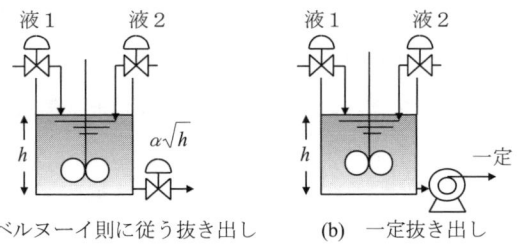

(a) ベルヌーイ則に従う抜き出し　　(b) 一定抜き出し

図 1.4　混合タンク

図 1.4 (b) のタンクでは，抜き出す量をポンプでつねに一定にしている。図 1.4 (a) のタンクでは，その抜き出される量は自然の摂理に任せている。すなわち，タンクの水位の平方根に比例した量だけ，タンクから流出する（これは**ベルヌーイの法則**と呼ばれる[3]）。2 種類の液の総流入量と流出量が同じで釣り合っている状態から，液 1 の流入量が少し増えたとする。そのとき，液が溢れる危険性があるのは (a)(b) どちらのタンクか？

【解答】 タンク (b) が溢れる。タンクに流入する液の量が増えたのに対し，流出する液の量を前と同じに保つのでは，液レベルがしだいに増し，放っておくと溢れてしまう。一方，タンク (a) では，入ってくる液の量が増え液の水位が上がると，それに応じて (ベルヌーイ則に従い) 流出液量も増える。その結果，あるところで再び流入量と流出量が釣り合い液レベルの増加が止まる (詳しくは 4 章のモデリングで説明する)。　　　　　　　　　　　　　　　　　　　　　　◇

タンク (b) のように放っておくと危険 (不安定) な動きを示すプロセスは，必ず適切な操作を施してやらねばならない。その操作を自動的に行うのが制御システムの一つの役割 (安定化) である。

例題 1.3　図 1.5 のような低温流体と高温流体 (スチーム) とで熱を交換する**熱交換器** (heat exchanger) を考えてみよう。この熱交換器は，溶液を所定の温度にスチームで加熱して，下流のプロセスに供給することを目的に運転されている。流入する溶液の温度が変動しても，所定の温度で溶液を下流のプロセスに供給するにはどうすべきか，述べよ。

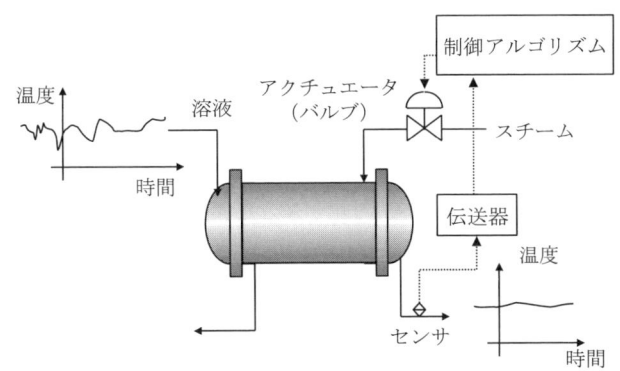

図 1.5　熱交換器の温度制御

【解答】 流入する溶液の温度変動に対してなんら操作をしないと溶液の出口温度は変動する。したがって，スチームの流入量を調節するか，あるいは溶液の流入量を調節しなければならない。　　　　　　　　　　　　　　　　　　　　◇

この熱交換器の例のように，外乱の影響を抑え所定の目的を達成するようにプロセスを操作するのが，制御システムのもう一つの役割 (外乱の抑制) である。

例題 1.4 図 1.6 のようなバッチ反応器 (batch reactor)† を考えてみよう。反応器の中ではつぎの逐次反応が起こっている 43)。

$$A \to B \to C$$

両反応とも熱を吸収して反応を起こす吸熱反応である。反応に必要な熱はジャケット内を流れるスチームによって供給される。望まれる製品は B であり，C は望まれない副産物である。したがって，所定の反応時間内に最小限のスチームを使って，製品 B をできるだけ多量に生成し利益を最大にするような運転がこの反応器では望まれる。このとき操作できるのはスチームの流量 Q だけであるとき，スチームをどのように操作すべきか。つぎに示すような評価関数を最大にするスチーム流量 Q の操作の仕方を考えよ。

$$\Phi = \int_0^{t_R} [(製品 B の売上高) - (スチームコスト) - (原料 A の購入費)] dt$$

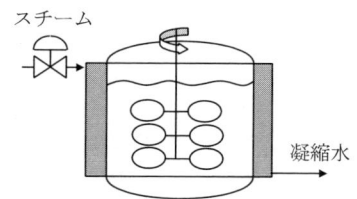

図 1.6 吸熱反応が起こるバッチ反応器

【解答】 評価関数を最大にするスチーム流量の操作パターンとして，図 1.7 に示すような操作パターンが考えられる。このパターンが利益を最大にするであろうことは，つぎのような二つの操作パターンを考えることにより想像がつく。

- パターン 1：スチーム流量 Q を反応時間 t_R の間，つねに最小値 (例えば $Q(t) = Q_{min}$) でキープする。スチームコストはかからないが，当然反応も進まず，十分な製品 B が得られない。

---

† 原料を最初に仕込んで処理し，処理が終われば，また新たな原料を仕込むという生産形態をとるプロセスを**バッチプロセス**と呼ぶ。一方，連続的に原料を仕込み，連続的に製品を作り出すプロセスを**連続プロセス**と呼ぶ。

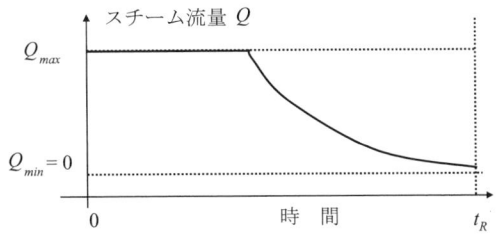

図 **1.7** バッチ反応器の最適操作パターン

- パターン 2：スチーム流量 Q を反応時間 t_R の間，つねに最大値でキープする。取りうる最大限の熱を反応器に加えることになり，反応温度は最高温度になる。したがって，反応初期の段階では，B の収率が高くなる。しかし，当然，スチームコストも高くなる。また，時間が経つにつれ製品 B の濃度が高くなり，その結果 B から C への反応も進行し C 成分の収率が高くなる。このことを考えれば，反応後期でスチーム流量を最大に保っておく必要性はない，逆に製品 B の生成量を最大にするにはスチーム流量は反応後期で下げるべきであることがわかる[†]。　　　　　　　　　　　　　　　　　◇

この例題では，プロセスの変数を操作するのは，外乱の抑制のためでも，プロセスの安定化のためでもなく，プロセスの最適化運転の実現のためであることを示している。

1.4　制御の基本的考え方

外乱に対処したり，不安定なプロセスを安定化させたり，プロセスを最適化することが制御の役割であることを先に述べた。しかし現実にどのような仕組みの制御システムを構成するかは，対象とするプロセスやその目的によってさまざまに変わってくる。ただし，どのような制御システムを構成しようとも，その基本となる考え方は，つぎに述べるフィードバック制御とフィードフォワード制御の考え方である。

[†] どの時刻から温度を下げるかなど，厳密な操作パターンを求めるには，反応の温度依存性などを定量的に明確にして数理的な手法を使う必要がある。

1.4.1 フィードバック制御の考え方

外乱に対処してプロセスを制御するということを，もう少し具体的に述べるとつぎのようになる。「圧力，温度，液レベル，流量，組成などの変数上に現れる外乱の影響や不安定な動きをすばやく察知し，プロセスに流入あるいはプロセスから流出するエネルギーや原料の量を操作し，それらの変数を所定の値に誘導し維持することによって，希望する量と質の製品を安全な状態で作り続けるようにすること」が外乱に対してプロセスを制御するということである。

このとき，制御したい変数は，**制御変数** (controlled variable; CV)，そのために操作する変数を**操作変数** (manipulated variable; MV) と呼ぶ。その操作変数を動かすバルブなどの装置を**アクチュエータ** (actuator) と呼んだり，**ファイナル・コントロール・エレメント** (FCE) と呼んだりする。また，制御変数が維持すべき値を**設定値** (setpoint; SP) と呼ぶ。**図 1.5** の熱交換器の温度制御の場合，溶液の出口温度が制御変数であり，スチームの流量が操作変数である。また，スチームの流量を調整するバルブがアクチュエータとなる。また，**図 1.4** (a) のタンクの場合，液レベルが制御変数であり，流入流量が操作変数である。また，流量調整バルブがアクチュエータとなる。

制御変数上に現れる変化をすばやく察知し，それらの変数を所定の値に戻し維持するように操作変数をコンピュータで調整するには，**図 1.2** に示したようなプロセスとバルブだけの構成では不可能である。まず制御変数の変化を検知するためには，温度計，圧力計や流量計など制御変数の動きを計測する**センサ** (sensor) が必要となる。センサは通常，圧力・温度などの物理量を計測する**検出器** (detector) と，その物理量を電気信号に変換する**変換器** (transducer) から構成される [22]。さらに，このセンサからの電気信号をコンピュータに送る**伝送器** (transmitter)，信号をアナログからディジタル信号に変換する変換器も必要となる。加えて制御変数がどれだけ希望する値 (**設定値**) からずれているかを計算し，それに応じてどのように操作変数を動かすかを決めるロジック (**制御則**あるいは**制御アルゴリズム**という) も必要となる。この制御則を内蔵するコンピュータを**コントローラ** (controller) と呼ぶ。これらのハードウェアを使っ

て，つぎのような手続きを繰り返すことによりプロセスが制御される。

制御変数の値をセンサで計測するコントローラは，その制御変数の値 (制御量) に応じて操作変数を変更する。操作変数を動かした影響は，制御変数に時間の経過とともに現れてくる。しかし，一回の操作では，制御変数を希望の値にできない。そこで，再び制御変数の値を観測し，その値に応じて操作変数を動かす。まとめると，

1. 制御変数を計測・測定する。計測された値を測定値あるいは観測値と呼ぶ。
2. 操作変数を測定値に応じて決定・変更する。
3. 上述の手続きを繰り返す。

という手続きが実施されているのが**フィードバック制御** (feedback control) である。

この手続きの繰り返しができるように，信号の流れを図 **1.2** に描き加えたものが，図 **1.8** である。図 **1.8** より，制御変数の測定値を操作変数の値 (操作量) の決定に使う構造になっていることが，より鮮明にわかるであろう。

外乱により制御変数が設定値からずれた場合だけに限らず，プロセスの最適化運転のために，制御変数をある最適な値に変更する必要があるときも，前述の 1～3 の手続きの繰り返しにより，制御量をその最適値にもっていくというフィードバック制御が行われる。車間距離を 30 m から 50 m に変更しようとす

────── コーヒーブレイク ──────

私たちは，日常至るところでこのフィードバック制御を使っている。中には無意識のうちに行っているフィードバック制御もある。例えば，車間距離を一定に保って車を運転しようとしているときのことを思い描いてほしい。望ましい車間距離を 30 m とし，それより車間距離があけば，アクセルを踏み込むであろうし，30 m より狭くなればアクセルを緩めるであろう。このときの車間距離が制御変数であり，その設定値は 30 m，アクセルがアクチュエータでその踏み込み量が操作量となっている。当然，前の車のスピードが時々刻々変わるため，常時，車間距離の目視 (計測)，30 m からのずれの計算 (設定値との比較)，アクセルの踏み込み量の調節 (操作量の変更) という手続きを車間距離を保つために繰り返し行うであろう。まさしくフィードバック制御である。

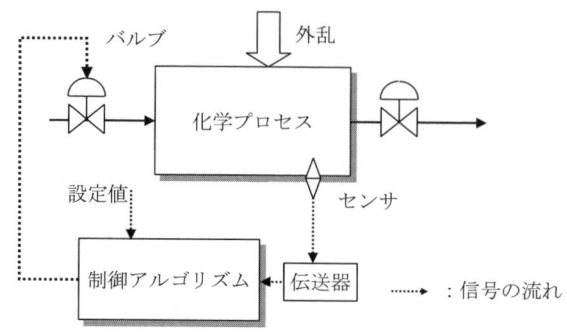

図**1.8** フィードバック制御系とプロセス

る運転をどう行うかを考えれば，このような設定値の変更の制御にもフィードバック制御が使われることには納得がいくであろう．

―――― コーヒーブレイク ――――

　ポジティブフィードバックの例として，二人でキャッチボールするときのことを考えよう．思っていたスピードより速い球が返ってきた場合，そのずれの大きさの2倍のスピードを加えて投げ返すことにする．例えば，心に思い描いているスピードを互いに80 km/hとする．これが設定値となる．相手が投げてきた球のスピードが82 km/hであったとすると，設定値より2 km/h速い．したがって，2倍のスピード4 km/hを80 km/hに加え，84 km/hで投げ返す．すると相手は，88 km/hで投げ返してくる．今度は，$8 \times 2 = 16$ km/hを加えて96 km/hで投げる．これがポジティブフィードバックである．このキャッチボールの結末がどうなるかは，容易に想像できるように，ポジティブフィードバックは，プロセスを安定化したり，制御変数を設定値に維持する制御には適さない．先に述べたように通常，プロセス制御にはネガティブフィードバックが使われる．したがって，単にフィードバックというと，プロセス制御ではネガティブフィードバックのことを意味している．

　ただ，これも，制御理論の分野だけで，社会学や一般には，このポジティブ，ネガティブフィードバックを違った意味で使うことが多い．例えば，学会で論文発表をしたとき，その発表に対し，聴衆から，発表内容を評価し，さらなる進展を期待した好意的な質問やコメントが返ってきた場合は，その意見交換を例えて「ポジティブなフィードバックを得た」といった表現を用いたりする．

じつは，フィードバック制御には，制御変数を観測して操作量を調整するやり方に応じて，つぎの2通りのやり方がある。

- **ポジティブフィードバック (positive feedback)**：制御量の設定値からのずれ (偏差) が，より大きくなるように操作変数を動かす。
- **ネガティブフィードバック (negative feedback)**：制御量の設定値からのずれが，より小さくなるように操作変数を動かす。

定義から明らかなように，当然のこととして，制御変数を設定値に持っていこうとするプロセス制御は，ネガティブフィードバックとなっている。

1.4.2 フィードフォワード制御の考え方

フィードバック制御は，制御変数に変化が現れ，その変化を観測して初めて，コントローラが作動し，その制御変数を制御するために操作変数が動きはじめる。これは制御変数が設定値からずれて初めて作動しはじめるという意味で「後手後手」のやり方である。そこで，特に外乱の大きさや，いつプロセスにその外乱が入るかがわかるような場合，外乱の影響が制御変数に現れる前に操作変数を動かすことによって，外乱の影響を打ち消してしまおうとするのが，フィードフォワード制御である。外乱がプロセスに加わったとき，操作変数をなんら動かさないで放っておくと，制御量が図 **1.9** のように動いてしまうとしよう。

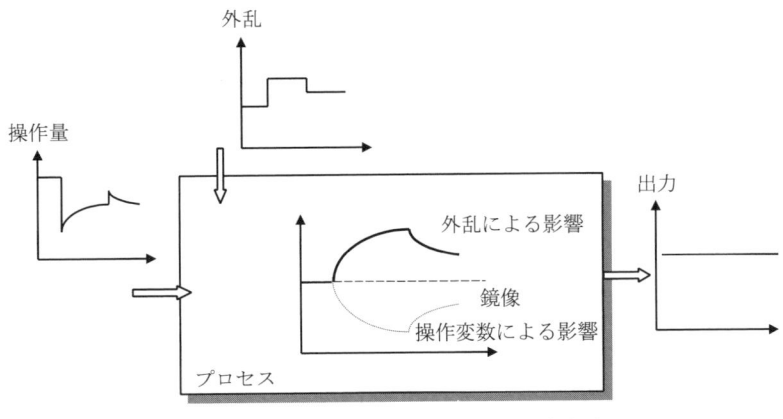

図 **1.9** フィードフォワード制御の考え方

このとき，この動きに対して，設定値を中心線とした鏡像的な動きを考え(図中点線)，その動きを制御変数上に生み出すように操作変数を動かす。すると，外乱からの影響(実線)と操作量を変えた影響(点線)が打ち消しあい，制御変数上に現れる外乱の影響が消せると考える。これが，フィードフォワードの基本的考え方である。プロセスで処理する原料(量・質)の変更・変動が前もってわかる場合などに，この制御手法が使われる。例えば，沸騰するお湯が入ったなべに水を注ぎ足すとき，水を注ぎ足してから火力を強くするのではなく，水を注ぎ足す前に火力を強めておくのもフィードフォワード制御だといえる。

フィードフォワード制御で行われる手続きを，フィードバック制御にならって表現すると，つぎのようになる。

1. 外乱を計測・測定する。
2. 外乱が制御変数に与える影響が実際に制御変数に現れる前に，その影響を打ち消すように操作量を決定・変更する。
3. 上述の手続きを繰り返す。

手続きの中で，操作量の決定に制御変数の測定値が使われているのではなく，外乱の測定値が使われていることがフィードフォワード制御の特徴であることを確認してほしい。

フィードフォワード制御は，どのような外乱にも対応できるわけではない。プロセスに外乱が加わった時刻とその大きさがわかり，その外乱に対する制御変数の動き(図 **1.9** 中の実線で表すような挙動)が予測できなければ使うことができない。しかし，現実には，外乱の大きさの正確な測定は難しく，外乱や操作変数から制御変数への影響を完璧に把握することもできない。そのため，フィードフォワード制御だけでは，完全にプロセスを制御することができず，一般には，先に述べたフィードバック制御とあわせた制御構造がとられ，フィードフォワード制御で完全に打ち消せない外乱の影響をフィードバック制御で対処している。

現実のプロセスの制御は，複数の制御変数を複数の操作変数で制御している。したがって，その制御システムの構造も，後の章で述べるように種々さまざま

なものがある。しかし，その構造の基本要素は，ここで学んだフィードバックとフィードフォワード制御であるといえる。つまり，プロセスでの制御システムの設計とは，対象となるプロセスとそのプロセスの目的に応じて，制御系の果たす役割を明確にし，適切な制御変数，操作変数を選び，フィードバック制御，フィードフォワード制御をうまく組み合わせて構成していくことである。

＊＊＊＊＊＊＊＊　演習問題　＊＊＊＊＊＊＊＊

【1】 車を運転しているとしよう。制御目的としてなにが考えられるか。その制御目的を遂行するための制御変数，操作変数はなにか答えよ。

【2】 身のまわりで行われているフィードバック制御やフィードフォワード制御を挙げて，その制御目的，制御変数，操作変数はなにになっているか議論せよ。

【3】 パイプラインの上流の圧力が変化して流量が変動するのを防ぐために，バルブ開度を調節して流量を制御する。制御系の構造として図 1.10 に示すような 2 通りのやり方を考えた。制御はそれぞれフィードフォワード制御かフィードバック制御か答えよ。図中〇の中の FC は流量コントローラを，FT は流量信号の伝送器を意味する。点線は信号の流れを意味し，矢印の元は信号の発生源あるいは観測点，矢印の先は，信号の取り込み口を意味する[39]。記号の詳細は本書の 2 章の計装記号のところで詳述する。

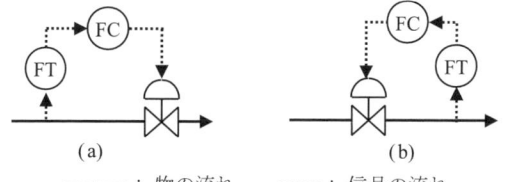

　　　　　　　　　　　――― : 物の流れ　　……… : 信号の流れ
　　　　　　　　　FC : 流量コントローラ，FT : 流量信号伝送器
　　　　　　　　　　　　　　図 1.10　水量の制御

【4】 タンクの温度を制御するために図 1.11 のような 2 通りのやり方を考えた。それぞれフィードフォワード制御かフィードバック制御か答えよ。ただし，流入液の流量が変動すると考える。図中 FT は流量信号の，TT は温度信号の伝送器，FC は流量のコントローラを意味する。

【5】 図 1.12 のような槽型のタンクにおいて流入液の温度が変動しても，出口温度

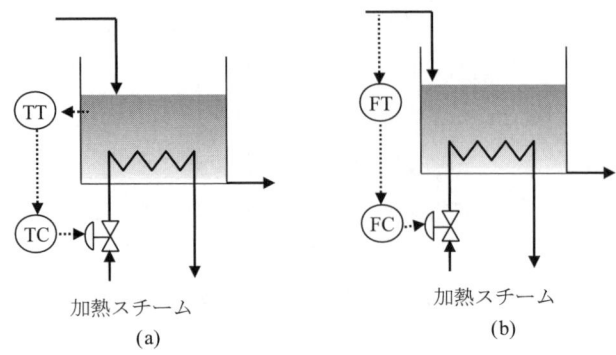

図 1.11　水温の制御

が一定になるように制御したい。なにを測定してなにを操作するのか図中に信号の流れを書き込み答えよ。考えられる変数の組合せを列挙せよ。考案した温度制御系は，フィードバック制御かフィードフォワード制御かについても述べよ。図中 LT は液レベル信号の伝送器，TT は温度信号の伝送器，TC は温度コントローラ，LC は液レベルコントローラ，T_i, T_o は入口および出口の温度，w_i, w_o は，入口および出口での流量を意味する。

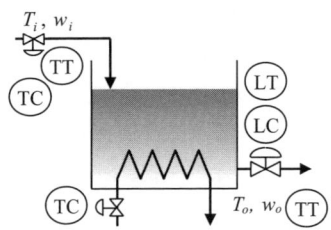

図 1.12　槽型ヒータの温度制御

2 プロセス制御システム設計の基本ステップ

前章では，プロセスとはなにか，ならびにプロセス制御システムの役割とはなにかを知り，その基本は，ほかの機械・電子系の制御と変わらず，フィードバック／フィードフォワード制御であることを学んだ．本章では，そのフィードバック制御／フィードフォワード制御をプロセスに適用していくときにどのようなことが問題になるのかについて学び，少しずつ，ほかの分野の制御との違いを知ろう．

2.1　システム設計の基本ステップ

プロセス制御システムの設計は，通常，つぎのような7ステップを踏まえて行われる．

1. 制御対象の確認ならびに制御目的の明確化
2. 測定(計測)する変数および制御変数の選定
3. 操作変数の選択
4. 制御構造の決定
5. コントローラの設計
6. 実装
7. チューニング(調整)

以下，順に各ステップでどのようなことを考えなければならないか説明しよ

う．ただし，ステップ5のコントローラの設計については，5～7章で章を改めて詳述し，ステップ6の実装については，次章のハードウェアのところで述べることにする．ステップ7については，現場での調整作業が主体となるためここでは省略する．

2.2 制御目的の明確化

どんなシステム設計の第一歩も，対象の把握とそのシステムの設計目的を明確化することにある．プロセスには，もの作りに関連した種々の目的 **1)** 安全性，**2)** 生産性，**3)** 経済性，**4)** 品質，**5)** 柔軟性，**6)** 環境保護) があることは前章で学んだとおりである．しかし，これらの目的を，すべて同時に同じレベルで満足することは不可能に近い．どうしても優先順位をつけて設計を行う必要がある．どの目的が優先されるかは，つぎに述べるようなプロセスの運転の状況 (運転モード) に応じても異なってくる．

- **始動・停止運転** (start-up・shutdown operation)：新たに建設した装置や定期修理のために停止していた装置で，改めて生産を開始するための運転操作が始動運転 (start-up) と呼ばれる運転モードである．逆に，製品を生産している装置を停止するために行われる運転は，停止運転 (shutdown) と呼ばれる．始動運転にも，中間製品や原料が，装置あるいはプラント内の貯留タンクに保存されている状態からの運転 (hot start-up) と，装置内に貯留物がまったくない，原料の仕込みから開始する運転 (cold start-up) の2種類がある．これらの運転では，安全に継続的な運転が可能な状態 (通常運転) に，プロセスを持っていくためにかかる費用や時間を最小にしたいなどの経済性が優先される．
- **通常運転** (normal operation)：原料から所定の品質の製品を所定の量だけ生産する運転である．このときは，安全性の確保のうえに，生産性，品質の向上などの目的が優先される．

- **スペック変更運転** (changeover operation)：製品銘柄や製品品質を変更するために操作条件をすみやかに変更する運転である。安全性ならびに，操作条件変更期間に生じる**規格外品** (off-spec 品) の量を最小にするという経済性が優先された最適化運転が求められる。
- **緊急避難運転** (emergency operation)：装置の配管に閉塞が起こったとか，物質が漏れたなどの非常事態，あるところの温度が高くなり過ぎているなどの異常事態を回避する運転である。このときは，安全性が最優先される。

これらの運転モードの中で，どのような目的を実現するために，いま制御システムを設計しようとしているのか，その目的を達成するための制御変数はなにか，その変数を制御するうえで，制御システムが果たす (せる) 役割 (外乱抑制，安定化，最適化) はなにか，を明確にすることが設計の第一歩となる。特に，プロセスが安定か否か，どのような外乱がプロセスに入ってくる可能性があるのか，経済性がどこまで優先される状況にあるのかを考え，制御変数を選定し，制御システムの果たす役割を定めなければならない。

この役割 (これを**制御目的** (control objective) と以後呼ぶ) を達成する制御システムをコンピュータを使って実現するためには，制御目的を制御変数の**制約条件** (constraint) や**評価関数** (performance index) の形で数式表現しておかねばならない。

例えば

- $y = y_{sp} + \epsilon$，ただし $|\epsilon| \leq C$：外乱を抑制するために，ある制御変数 (y) を設定値 (y_{sp}) の周りに C で規定される誤差範囲で保てという表現。
- $y \leq y_{upper}$ あるいは $y \geq y_{lower}$：安全のために制御変数 (y) をある上限値 (y_{upper}) 以下あるいはある下限値 (y_{lower}) 以上に保てという表現。
- $max\,Profit(x, y, u)$：運転の最適化を目指して，プロセス変数 (x, y, u) で，ある経済的指標 (Profit) を最大にしようという表現。

などの表現が考えられる。

例題 2.1 図 **1.3** に示すオレンジジュース製造プロセスにおいて，制御目的として考えられるものを制約条件や評価関数の形で表現せよ．

【**解答**】 ジュースの濃縮プロセスは，減圧下で果汁に熱を加え水分を蒸発させるプロセスである．装置内の液レベル (h_1) は，空焚き防止の安全上，ある高さ h_1^L より高く保たねばならない．これは制約条件式 $h_1^L \leq h_1$ で表現することができる．また，圧力 (P) は，製品品質と安全のため，P^L と P^U の間に維持しなければならない．これも圧力を制御変数とした制約条件として $P^L \leq P \leq P^U$ と表現できる．さらに，制御変数として濃縮果汁の濃度を考えた場合，濃度をある値 (C_1^*) にすること (等号制約条件 $C_1 = C_1^*$) が制御目的となる．

現実には，外乱が常時入るため，濃縮プロセス出口溶液濃度を $C_1 = C_1^*$ につねに保つことはできない．そこで，通常，$C_1^* - C_1$ の誤差の 2 乗や絶対値の時間積分値を最小にするという形で制御目的が表現される．

$$\int (C_1(t) - C_1^*)^2 dt \quad \text{or} \quad \int |C_1(t) - C_1^*| dt \qquad \diamond$$

2.3 測定 (計測) する変数の選定

フィードバック制御を行うにせよ，フィードフォワード制御を行うにせよ，プロセスの状態を観測しなければ制御は始まらない．したがって，制御目的を明確にしたつぎのステップとして，プロセスのどの変数を観測することができるのか，制御変数として選んだ変数が実際に計測可能なのか，センサがプロセスに設置可能なのか否かを検討しなければならない．具体的には，つぎのような事項を検討しておく必要がある．

- 制御変数が直接計測可能か
- 外乱が直接計測可能か
- **代替変数** (secondary measurement) が選択可能か

プロセス制御では，オンラインで制御変数を測定できるセンサがなかったり，あっても非常に高額で，センサを購入し投資するメリットがなかったり，既存

の装置に新たにセンサを取り付けることが設備上困難な場合など，制御変数を直接測れないことが多々ある。そのような場合，制御変数とは異なり，安価で信頼性が高い状態で計測できる変数 (代替変数) を選択し，その代替変数の測定値から制御量を推定するということが行われる。

例題 2.2 図 **2.1** のような半導体の基板となるシリコンの単結晶の引き上げ装置を考えよう。種結晶をゆっくり回転させ，るつぼに溶けているシリコンを種結晶の周りに徐々に結晶化・成長させて所定の外径の単結晶 (構造が均一な結晶塊) を作る装置である。この塊を薄く切ることによって基板 (シリコンウエハ) ができる。この装置で，単結晶の外径と温度を所定の値に制御したい場合，はたして制御変数である外径と温度は直接計測できるか。できるとすれば，どのような測定法か。できないならどうすべきか，考えられる測定法を述べよ。

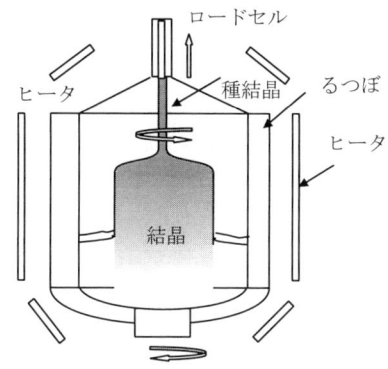

図 **2.1** シリコン単結晶引き上げプロセス

【解答】 装置の上部などからの画像を処理して外径を計測することは可能である。しかし画像処理の時間とコストからオンライン計測値として使用できない場合は，結晶を吊り下げている重量の変化から結晶密度を使って体積に換算し，引き上げ速度で割ることによって外径を推定して制御に使うことがある。一方，結晶自体の温度は，結晶に熱電対を差し込んで直接計測することは不可能 (結晶成長を阻害し，結晶構造をゆがめる) であるため，測定可能なるつぼやヒータなどの周辺温度から推定しなければならない。　　　　　　　　　　　　　　◇

例題 2.3 図 2.2 のような蒸留塔がある。この装置は，揮発性成分からなる液体の混合物を各成分の沸点の差 (揮発性の差) を利用して，高純度な成分の液あるいは気体に分離する装置である。いま，ベンゼンとトルエンの混合物を連続的にスチームで加熱し，95 mol% のベンゼンを塔頂から，塔底から 95 mol% のトルエンを取り出している。このとき，流入する混合物の組成が多少変動しても塔頂から得られるベンゼンの濃度を一定にしたい。制御変数は，計測可能か，測定可能なセンサはなにか述べよ。また，そのセンサが入手不可能な場合，どのような代替変数が考えられるか述べよ。

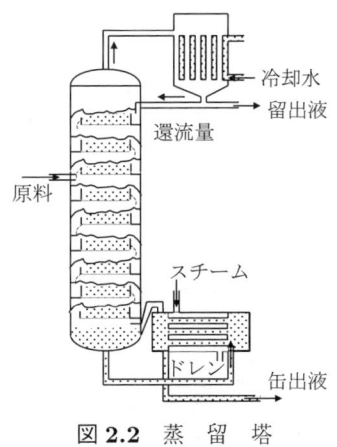

図 2.2　蒸　留　塔

【解答】 蒸留塔の塔頂より得られる液 (留出液と呼ぶ) のベンゼンの濃度が制御変数である。原料中のベンゼンあるいはトルエンの濃度の変動が外乱となる。操作変数としては還流量やスチーム流量が考えられる (図 2.2)。制御変数や外乱である濃度を計測する手段として最もよく使われるのが，**プロセスガスクロマトグラフ**という濃度分析機器である。

　しかし，このプロセスガスクロは高価でかつ故障が頻繁に起きる可能性がある。また，測定時間間隔は数十分と，温度や圧力の測定間隔と比較して長い。したがって，現実には温度と組成の間に成り立つ物理的関数関係に基づいて (図 2.3(a))，蒸留塔の温度から濃度を推定する。

　製品濃度の制御は，所望の濃度を実現できる蒸留塔の温度分布を推算し，その温度を設定値として，装置内数箇所の温度を制御変数として制御することにより

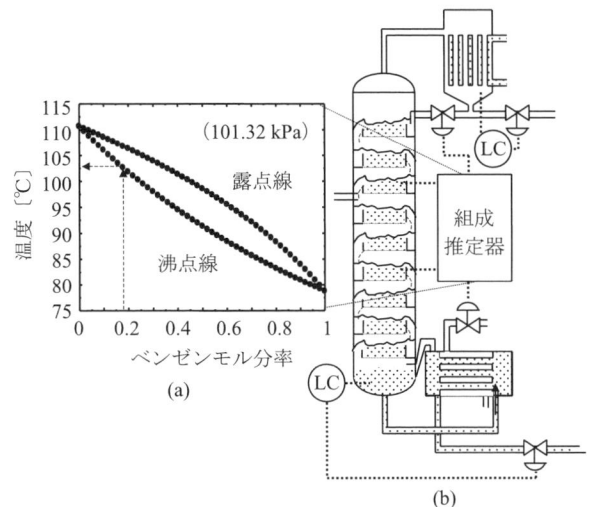

図 2.3 蒸留塔の温度制御

行われる (図 **2.3**(b))。

　図 **2.3**(a) は，ベンゼン–トルエン溶液の沸点と組成の関係を示した図である。沸点温度と組成の間に関数関係が存在することがわかる。例えば，ベンゼンがモル分率で 0.18 の溶液の沸点は圧力が 101.3 kPa (1 atm) では 103 ℃になる。このような気液平衡関係から，塔内圧が 101.3 kPa で運転されているとき，溶液温度を 103 ℃に制御すれば，その液組成をベンゼン 18 mol%に制御できることになる。この気液平衡関係は装置内圧力により変化する。したがって，圧力を考慮して温度から濃度を推算することも多い。

　ガスクロの導入は，組成変化による塔内の温度変化が微小で検知できない場合や，温度と濃度の相関をとることが難しい微量成分を蒸留するようなときに行われる。　　　　　　　　　　　　　　　　　　　　　　　　　　　　　◇

2.4　操作変数の選定

　対象とするプロセスに入ってくるエネルギーや物質の温度，組成，流量などのプロセス変数ならびに情報を伴う信号をプロセスへの**入力変数**と呼ぶ。通常，プロセスには操作変数として使用可能な数多くの入力変数がある (後述の図 **2.5**

を参照)．それらの入力変数のなかから制御目的や制御変数に応じて，適切に操作変数を選択しなければならない．その制御変数の種別で操作変数を分類するとつぎのようになろう．

- 生産量を制御するために使われる操作変数
- 装置内の貯留量 (液レベル，ガス圧力) を制御するために使われる操作変数
- 製品の性状を制御するために使われる操作変数
- その他．プロセスの生産・運転経費を低減化するために使われる操作変数

――――― コーヒーブレイク ―――――

　蒸留という言葉を聞いて，すぐに思い浮かぶものは，なんといっても「蒸留酒」であろう．いまではさまざまな種類のお酒が飲めるが，ギリシャ神話によると，古代ギリシャ時代，酒神ディオニュソス (バッカス) がイカリアの町に住む農夫イカリオスにワイン作りを教えたのが人類とお酒の長い付き合いのそもそもの始まりであるらしい[12]．

　バッカスがどのような蒸留技術を用い，どれくらいの制御技術とともにイカリオスにワイン作りを伝授したかは，当時の論文がないので定かではないが，とにかく初期に作られていたお酒は，麦や米などの多糖類を多く含む穀物を単に酵母と混ぜ，酵母が糖を二酸化炭素とエタノールに分解する性質を使って作られている．

　酵母自身は，エタノール (お酒の成分) を飲む (分解する) ことができず，逆に，エタノールが毒として働き，濃度が高いと死んでしまう．そのため 14 度以上のお酒を造ることができなかった (どうもバッカスは蒸留技術を人間に伝授しなかったようである)．

　しかし，どの時代にも呑み助はいた．どうにかして，お酒に含まれた「酔い」をもたらす特別の物質 (エタノール) を沢山取り出すことを考えた．醗酵酒を温めると沸きあがってくる蒸気の中には，より高い割合で 酔いの素が含まれていることに気付き，醗酵酒を加熱し，沸きあがってきた蒸気を冷やし液体にして飲む．もっと強いお酒が欲しければ，その冷えてできたお酒をさらに加熱して冷やして飲む．これが蒸留の起源 (多段蒸留の起源) であり，人間の知恵から生まれた技術である．

例題 2.4 図 2.4 のような溶液を加熱し適切な温度にして，下流のプロセスに供給する加熱タンク[†] を考えよう。溶液が流量 v_i〔m³/s〕，温度 T_i〔K〕でプロセスに供給され，温水を流量 v_o〔m³/s〕，温度 T_o〔K〕で取り出したい。加熱にはスチームが使える (その流量を v_{si}〔m³/s〕と表す)。タンク内は完全に混合されている。すなわち，流出する液の温度 T_o〔K〕とタンク内の液の温度 T〔K〕が等しいと考えられる状況にある[††]。このプロセスの上流にあるプロセスのために，流入する液の温度が変動する。このようなプロセスの制御系設計を行わなければならないとき，外乱はなにで，なにが制御目的になるか，また制御変数，操作変数として考えられるものを列挙せよ。

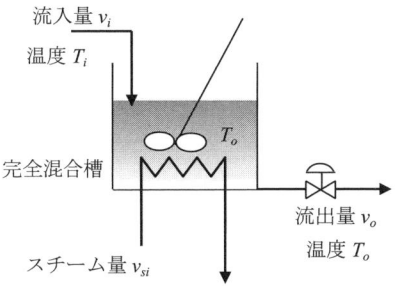

図 2.4 加熱プロセス

【解答】
- 外乱は，流入する溶液の温度である。
- 制御目的は，流出する溶液の温度を一定にすること，タンクの液レベルを一定にすること，取り出す溶液流量を所定の値にすることである。
- 制御変数は，タンク内溶液の温度 T，液レベル h，流出流量 v_o である。
- 操作変数として考えられるのは，スチーム流量 v_{si}，供給溶液流量 v_i，流出流量 v_o である。 ◇

最初，図 1.2 で大雑把に捉えたようなプロセスに流入・流出する物質やエネ

[†] 機械的構造は少し異なるが温水器を想像すればよい。
[††] このように流出物質の組成 (濃度) や温度が，タンク内の貯留物の組成や温度に等しくなるまでタンク内でむらなく均質に混合されている状態を**完全混合** (perfect mixing) とよび，そのような状態が仮定できるタンクは完全混合槽という。

ルギーも，制御という観点からみると，入力変数，**状態変数**ならびに**出力変数**に大別でき，さらに入力変数は操作変数，外乱 (測定可能なもの・不可能なもの) に，状態変数と出力変数は，それぞれ制御変数と放置変数[†] に分類できる (図 2.5)。ここでは，プロセス変数の中で，センサにより測定できる変数を出力変数とし，測定値が得られないまでも，プロセスの状態を規定する重要な変数を状態変数と定義している。実際のプロセスにおいては，なにが外乱で，なにを操作変数としてなにを制御変数とするかの選定が難しい。例えば，操作変数の選定は，つぎに述べる制御構造のとり方の問題とも深く関連し，そう単純にはいかない。

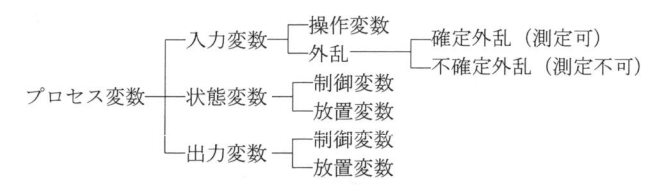

```
                    ┌─操作変数    ┌─確定外乱（測定可）
            ┌─入力変数┤
            │        └─外乱────┴─不確定外乱（測定不可）
            │        ┌─制御変数
プロセス変数─┼─状態変数┤
            │        └─放置変数
            │        ┌─制御変数
            └─出力変数┤
                    └─放置変数
```

図 2.5　制御系設計の観点からみたプロセス変数の種類

2.5　制御構造の決定

制御系設計のつぎのステップは，**制御システムの構造** (control configuration) を決めることとなる。すなわち，計測可能な変数値のどれをどの操作変数の決定に使うかという，フィードバック制御構造など信号処理の流れを決めなければばらない。

制御システム構造の最も単純な分類は，プロセスの中に制御変数と操作変数をいくつもつかによって行われる。

- 1入力1出力系 (Single Input Single Output (SISO))：一つの制御変数を一つの操作変数で制御する構造。言い換えるなら，一つの制御変数の測定値を，一つの操作量の決定に使う構造。

[†] 放置変数とは，なるがままになることを許す，制御しないあるいはできない変数。

- **多入力多出力系** (Multi Input Multi Output(MIMO))：複数の制御変数を複数の操作変数で制御する構造。

ほとんどのプロセスは制御変数も操作変数も複数ある多入力多出力系である。この多入力多出力系でも，一つの操作量の決定に一つの測定値しか使わないという1対1の制御変数-操作変数の組み合わせ(ループペアリングと呼ぶ)を，複数組採用した**多重ループ制御** (multiloop control) と呼ばれる構造と (図**2.6**)，一つの操作量の決定に複数の測定値を使う**多変数制御**と呼ばれる構造 (図**2.7**) の二つがある。

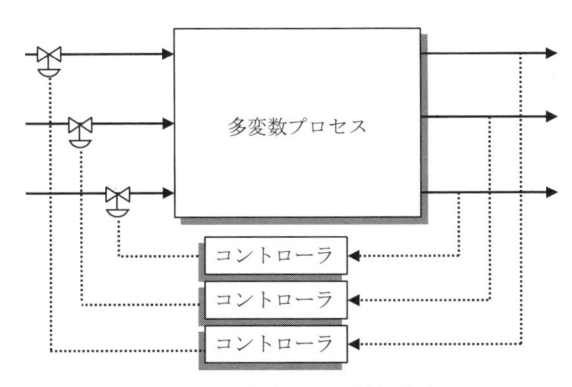

図 **2.6**　多重ループ制御構造

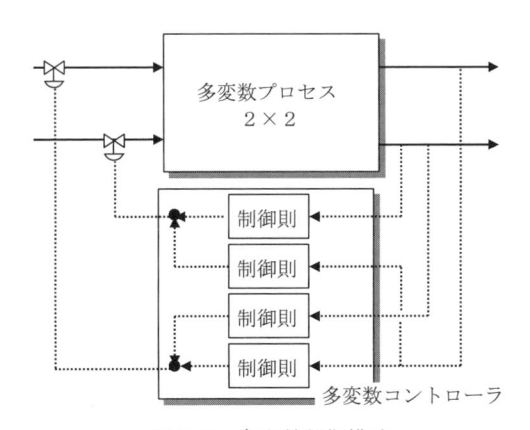

図 **2.7**　多変数制御構造

2.5.1 多重ループ制御

例題 2.5 N 個の制御変数，N 個の操作変数の多入力多出力系に対して，多重ループ制御で制御系を設計することを考える。いく通りの構造 (ペアリング) があるか求めよ。

【解答】 N 変数の場合は，$N!$ 通りとなる。　　　　　　　　　◇

制御変数が y_1, y_2 で，操作変数が u_1, u_2 の 2×2 プロセス ($N = 2$) では，$(y_1 \leftrightarrow u_1, y_2 \leftrightarrow u_2)$ と $(y_1 \leftrightarrow u_2, y_2 \leftrightarrow u_1)$ の 2 通り。4×4 プロセス ($N = 4$) では，$4! = 24$ 通り，$N = 5$ では 120 通りと，変数がちょっと増えるだけで莫大なペアリングの数になる。このような組み合わせ中から，目的に合った最適な構造を選ばなければならない。

ペアリングの一般的なルールとして，つぎのようなものがある。

- 制御変数に直接に影響する操作変数を選ぶ。
- 操作変数を動かす影響が制御変数に現れ始める時間のできるだけ短いペアリングになるようにする。
- 他の制御変数・操作変数への影響ができるだけ少ないペアリングになるようにする (一つの制御変数・操作変数のペアリングがほかのペアリングの制御性に与える影響を**干渉** (interaction) と呼ぶ。この干渉の強さを評価しペアリングする手法については，6 章で説明する)。

例題 2.6 オレンジジュースの製造プロセス (**例題 1.1**) の希釈水と濃縮果汁の混合タンクを再び取り上げてみよう。このプロセスでは，1) タンクから抜き出す流量 (生産量) を v_o に一定に保つ，2) ジュースの濃度を $C_{J_o}^*$ に保つ，3) タンク内の液レベルを h に保つ，という制御目的がある。これに対してタンクからの抜出流量 v_o，希釈水の供給流量 v_1，濃縮果汁の供給量 v_2 の操作変数が使える。このとき，どのような多重ループ制御の構造が考えられるか述べよ。ただし，操作変数として，バルブ 1,2 の開度 u_1, u_2 お

2.5 制御構造の決定

よびポンプの回転数 u_3 が使えるとする。

【解答】 制御変数 3, 操作変数 3 のプロセスであるため, 6 通りの多重ループ構造が考えられる。

タンクからの流出量 (v_o) を制御するために, バルブ 2 やポンプを使うよりも距離の近いバルブ $1(u_1)$ を使うことにする。($v_o \leftrightarrow u_1$) のペアリングを決めてしまうと, 考えられる制御構造は図 **2.8** に示す 2 通りになる。構造 (a)(b) とも, 流出量を測定し, バルブ 1 の開度を調節して制御している (FC)。構造 (a) では, タンクの液レベルをポンプの回転数で (LC), 濃度をバルブ 2 の開度で制御 (AC) している。一方, 構造 (b) では, タンクの液レベルはバルブ 2(LC) で, 濃度制御はポンプによる流量制御 (FC) で行っている[†]。 ◇

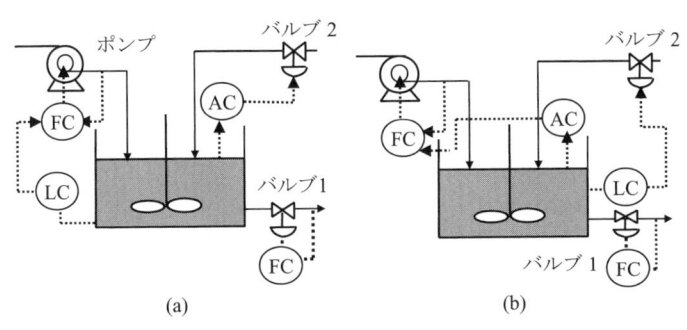

図 2.8 混合タンクの多重ループ制御構造

プロセスは複数の装置で構成されていることが多く, 装置ごとに独立に制御構造を構成すると失敗することがある。複数の装置を共通して流れる 1 本の物質流があるプロセスを考えよう。このとき装置ごと独立に制御構造の構成を考えると, **図 2.9** のような制御構造を選択する可能性もでてくる。図では, 三つの装置を共通して流れる流量が, 二つの制御系で操作変数となっている。この制御構造では, 干渉が強く制御系が正しく機能しない。このように制御構造は, 装置群全体 (プラント全体) を考えて決定しなければならない。これは**プラントワイドコントロール** (plant wide control) 問題と呼ばれる。

[†] ○の中の FC, LC なる記号は, 計装記号と呼ばれるもので, 点線は信号の流れを, ○はコントローラや伝送器を, FC は流量コントローラ, LC はレベルコントローラ, AC は組成コントローラを意味し, 信号の出入りは, 入力として測定値を取り入れ, 操作量を出力として計算していることを表現している。

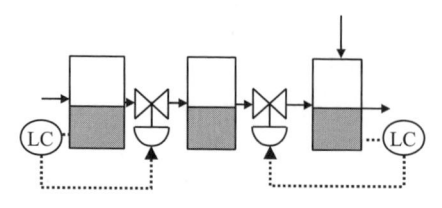

図 2.9　機能しない制御構造

例題 2.7　図 2.10，図 2.11 のような吸収装置と蒸留塔からなるメタノール回収プロセスを考えてみよう[4]。このプロセスでは，メタノールを X〔mol%〕含有した窒素ガス (100 mol/h) を水と接触させ，メタノールを水に溶かすことにより窒素ガスから取り去る。メタノールが除去された窒素ガスは吸収装置の塔頂から排出され，メタノールが溶け込んでいる水は蒸留塔に送られる。蒸留塔では，メタノールと水を分離し，メタノールの濃度が 90% のアルコールを塔頂から抜き出している。一方，塔底から抜き出される水は，吸収装置にリサイクルされる。このとき制御系として，図 2.10，図 2.11 のような二つの制御構造を考えた。窒素中のメタノールの濃度 X が変動すると図 2.11 の制御構造は機能しない。その理由を述べよ。

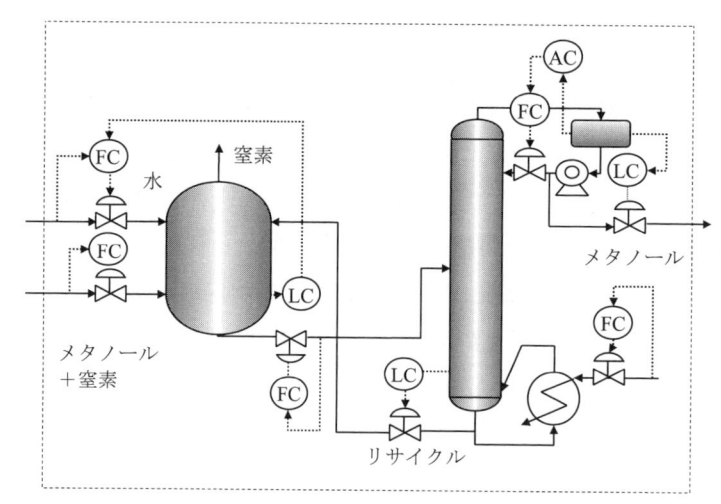

図 2.10　メタノール回収プロセスとその制御構造 (1)

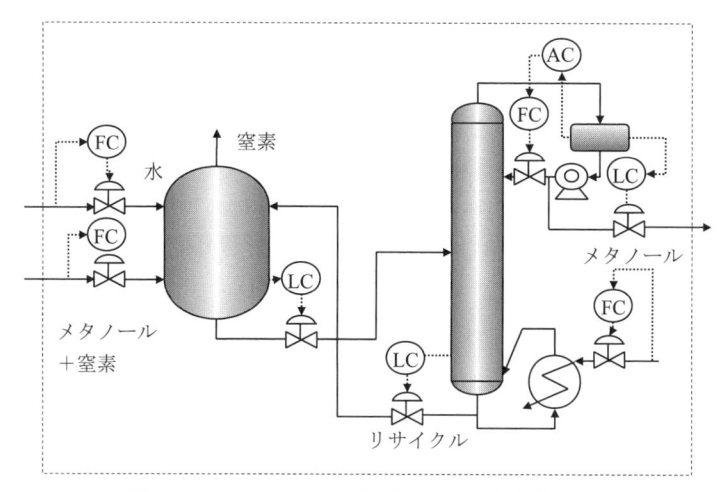

図 2.11　メタノール回収プロセスの制御構造 (2)

【解答】　二つの制御構造の違いは，吸収装置の液レベルを制御するために流入水量を操作変数として使うか (構造 (1))，吸収装置から流出するメタノール混じりの水の流量を操作変数として使うか (構造 (2)) にある。

いま，蒸留塔の塔頂から得られる 90%アルコールのモル流量を D 〔mol/h〕とすると，アルコール中のメタノール量は $0.9D$ 〔mol/s〕で，水の量は $0.1D$ 〔mol/h〕である。

さらに，メタノールを含む原料窒素ガスのモル流量を F_2 〔mol/h〕，そのメタノールの濃度を X とし，水の供給量を F_1 〔mol/h〕として，図 2.10 の点線枠で囲った系での水とメタノールの出入りを考えてみる。定常状態では，点線の枠内に入った物質量は必ず枠内から出なければならないため，水とメタノールの流入流出量に関して，$F_1 = 0.1D, F_2X = 0.9D$ の関係が成り立つ。すなわち，蒸留塔での濃度制御によりプロセスから出ていくメタノールと水の濃度比が変わらない限り，プロセスに入ってくる水とメタノールの比は，$F_1/F_2X = 1/9$ でなければならない。

もし，吸収装置から流出するメタノール濃度 X が変化するならば，供給水の量も上式が成り立つように変化させなければプロセス内に水が溜まるか枯渇してしまう。構造 (1) では，水の供給量が操作変数として使われ，水が溜まりすぎれば供給水量を下げ，水が少なくなれば，供給水量を上げるなどして，濃度変動において供給水量が調節される形となっている。一方，図 2.11 の構造 (2) では，供給水量を一定とする構造であり，濃度変動に対処できる制御系ではない。　　◇

化学プロセスでは，前述したような N 入力 N 出力に対して，N 組の入出力ペアを選び制御ループを構築した多重ループ制御構造だけではなく，一つの測定値を複数の操作変数の決定に使ったり，複数の制御変数を一つの操作変数で制御する，つぎのような制御構造がとられることが多々ある．

2.5.2 カスケード制御

二つのコントローラで構成され，一方のコントローラの出力値が，ほかのコントローラの設定値として使われている制御構造を，**カスケード制御** (cascade control) という．代表的なものとして，図 **2.12** に示すようなレベル制御が挙げられる．一つのコントローラからの信号 (コントローラからの出力) がもう一つの制御系に滝 (cascade) を流れるかのように結合されている構造からこの名前が付けられている．

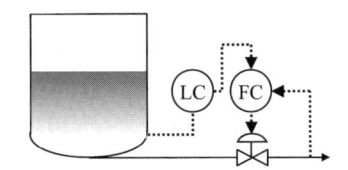

図 **2.12** カスケード制御によるレベル制御

カスケード制御の利点は

- 外乱へのすばやい対処
- 制御対象の動特性の改善

にあるとされる．

例えば，タンクの液レベルを制御するために，バルブ開度を直接の操作変数とする制御系を考えてみよう (図 **2.13**)．バルブ開度と流量の間の関数関係が乱

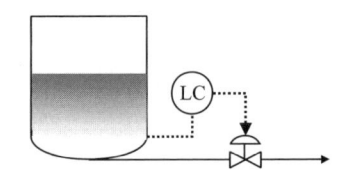

図 **2.13** 普通に考えるレベル制御

れやすい場合，この制御系では非常に性能が悪くなる．実際，流量はバルブ開度とバルブの前後の圧力差に依存して決まり，下流のプロセスの操作圧力などが変動すると同じバルブ開度でも流れる量が異なる[†]．

このようにバルブ開度と流量の関数関係が乱れやすい流量系では，図 2.12 のカスケード制御が使われる．液レベルコントローラで，液レベルの測定値から流出流量を操作量として求め，求めた操作量を流量コントローラへ，流量の設定値として渡す．流量コントローラでは，実際の流量を計測し，設定値と比較することによりバルブの開度を決定している．この制御構造を採ることにより，より速く流量への外乱に対処できることになる (カスケード制御構造におけるコントローラの設計の仕方は 6 章にて詳述する)．

例題 2.8 例題 2.6 の多重ループの制御系 (a)(b) において，バルブ 2 の開度とその配管 (ライン) を流れる流量の関数関係が乱れやすい状態にある．そこで，制御系 (a) の組成コントローラ (AC：バルブ 2 の開度を変化させて流量を操作する制御ループ) と，制御系 (b) の液レベルコントローラ (LC：バルブ 2 の開度を変化させて流量を操作する制御ループ) を，それぞれカスケード制御系に設計しなおせ．

【解答】 図 2.14 に示すようなカスケード制御系への改善が考えられる． ◇

図 2.14 カスケード制御系への改良

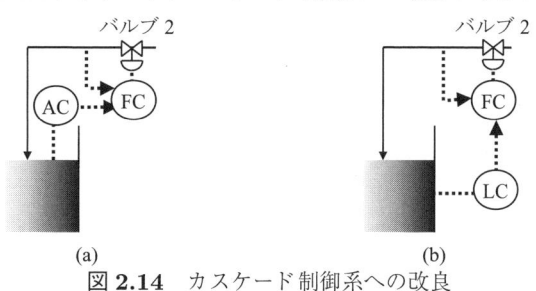

[†] バルブの開度 (x) と流れる量 (v) の間にはつぎの関数関係が成り立つ．
$$v = \frac{1}{1.17} C_V f(x) \sqrt{\Delta P (圧力差)/L\sigma}$$
C_V はバルブ係数と呼ばれる定数，$L\sigma$ は水に対する相対比重，$f(x)$ は，バルブ開度の関数となる変数である．この式を使用する際には単位に注意する必要がある．式 (3.1) を参照．

2.5.3 レシオ制御

複数種の原料を，所定の濃度比で供給したい場合や，複数の配管を流れる流体を，それぞれ所定の流量比で流したい場合などに使われるのが，**レシオ制御構造** (ratio control) である。

いま，二つの流体が，それぞれ別な配管 (ライン) を流れて装置に供給されているとしよう。ただし，二つのラインともに流量は測定可能ではあるが，どちらか一方のラインは，流量を操作するために使えるバルブをもたないという状況にあるとする。このとき二つのラインの流量比を制御するレシオ制御の構造として，図 2.15(a)(b) に示すような 2 通りの方法がある。

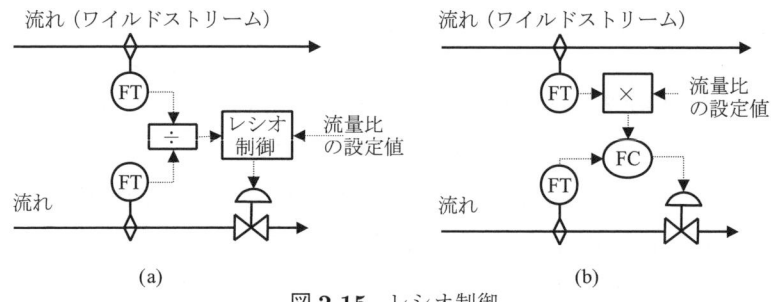

図 2.15　レシオ制御

1. 二つの流量を計測し，その測定値を割り算し流量比を計算する。その比を，制御変数の測定値として設定値とともにコントローラに取り込み，バルブ開度を操作する (構造 (a))。
2. バルブのない方の流れ (これを wild stream と呼ぶ) の流量を測定し，その測定値に流量比の設定値を乗じ，その値を他方の流れの流量設定値として，コントローラに与える (構造 (b))。

例題 2.9　いま一度，オレンジジュースの製造プロセス (例題 1.1) の希釈水と濃縮果汁の混合タンクを取りあげてみよう。1) タンクから抜き出す流量 (生産量) を v_o に一定に保つ，2) 希釈ジュースの濃度を $C_{j_o}^*$ に保つ，3) タンク内の液レベルを h に保つ，という三つの制御目的に対して，レシオ制御とカスケード制御を使った制御系を設計せよ。

【解答】 図 2.16 のような制御構造が考えられる。コントローラ (AC) は，タンク内の濃度が $C_{J_o}^*$ になるように，流入する濃縮果汁と希釈水の二つの流量比を操作量として制御するコントローラであり，測定値と設定値 $C_{J_o}^*$ の誤差から総流入量に対する希釈水の流量比の設定値 $(v_1^*/(v_1^* + v_2^*))$ を決めている。さらに，その値をレシオコントローラ (X) に送り，濃縮果汁の供給量の設定値と，希釈水の供給量の設定値との和 $(v_1^* + v_2^*)$ とを掛け算することにより，希釈水の流量設定値 v_1^* を計算している。

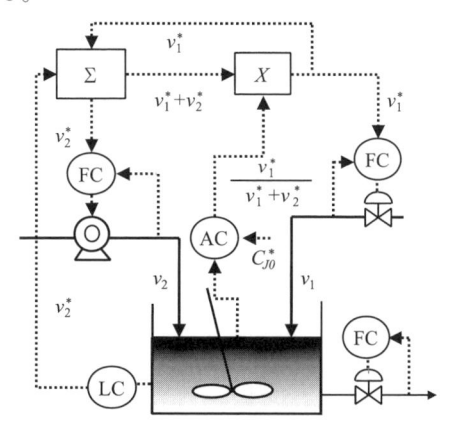

図 2.16 オレンジジュース希釈タンクでのレシオ＋カスケード制御

希釈水の流量コントローラ (FC) では，v_1^* を設定値としたカスケード制御を行う。また，液レベル制御は，濃縮果汁の供給量を操作変数として行われる。すなわち，液レベルコントローラ (LC) からの出力は，濃縮果汁の供給量の設定値 v_2^* であり，流量コントローラに，その設定値を送るカスケード制御が組まれている。このような制御構造を採ることにより，タンク内濃度が濃縮果汁の供給量の変動 (液レベルを制御するために生ずる変動) の影響を受けなくなる。 ◇

2.5.4 選択制御

プロセスの中には，操作変数の数が，すべての制御変数を制御できるほど十分でなく，操作条件やプロセスの運転モードに応じて，制御変数の中からもっとも優先的に制御すべき変数を選択して，多重ループ制御を組み直さなければならないこともある。そのような選択を，ある種の論理に従って自動的に行う制御構造が**選択制御** (selective control) と呼ばれる制御である。

一般に使われる選択制御では，入ってきた複数の信号の中から最も高い値の信号を選ぶという選択論理と，最も低い値の信号を選択するという選択論理のいずれかが使われる．前者の論理は，**High Selector Switch**(HSS) と呼ばれるスイッチ，後者の論理は **Low Selector Switch**(LSS) と呼ばれるスイッチで表現される (図 **2.17**)．プロセス制御で現在使われている選択制御は，これらのスイッチとフィードバック，フィードフォワード制御系の組合せによって実現される．

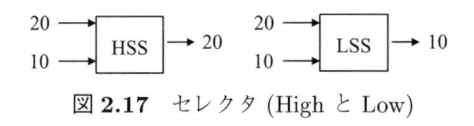

図 **2.17** セレクタ (High と Low)

〔1〕 オーバーライド制御

安全性を確保するために，ある変数の値が特定の限界 (閾値) を超えないように制御したいとしよう．しかし，その限界を超えそうにないときは，その変数を厳密に制御する必要もなく，その制御に使っていた操作変数をほかの制御変数の制御に使い経済性や生産性など向上に努める．このような制御を果たすのが**オーバーライド制御** (override control) と呼ばれる制御構造である．

図 **2.18** に示すようなボイラプロセスでのオーバーライド制御を考えよう．このプロセスでは，蒸気量を操作して下流のプロセスに一定圧の蒸気を供給したい．また，同時に，空焚きを防止するという安全性の確保のために，ボイラの水位がある値より下がった場合は，蒸気量を絞る操作をして液レベルを制御し

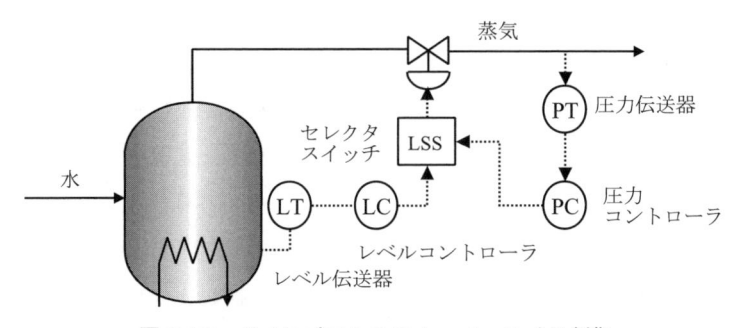

図 **2.18** ボイラプロセスのオーバーライド制御

たい。この二つの制御目的を果たすために，Low Selector Switch(LSS) が使われる[43]。

例えば，圧力コントローラ (PC) では，圧力が大気圧 (0.1 MPa) 以下のとき蒸気量調節用バルブの開度を 100％，圧力が 4 MPa 以上のとき開度 0％となるように，変換器のレンジとコントローラを設定しておく[†]。一方，液レベルのコントローラ (LC) では，2 m よりレベルが下がったときにコントローラが機能し始めるように，0～2 m をバルブ開度の 0～100％レンジに対応するように変換器とコントローラを設定しておく (図 2.19)。左図には，コントローラが，圧力が低くなったときバルブ開度が増加する方向に，液レベルが 2 m より低くなったときバルブ開度が減少する方向に働くことを示している。また，右図では，プロセスにおいてバルブ開度が増加したとき，液レベルは減少し，逆に圧力は増加することを示している (ただし，直線はいずれも，コントローラでのレンジの割当て方とある定常状態まわりでの入出力関係の定性的表現である)。このようなコントローラと LSS を使うと，液レベルが 2 m 以上の状態では，レベルコントローラから出力されるバルブ開度の値は，つねに 100％となっており，圧力コントローラから出力される値より必ず大きくなる。したがって，圧力コントローラからの出力値が，LSS により選択されバルブが動かされる。液

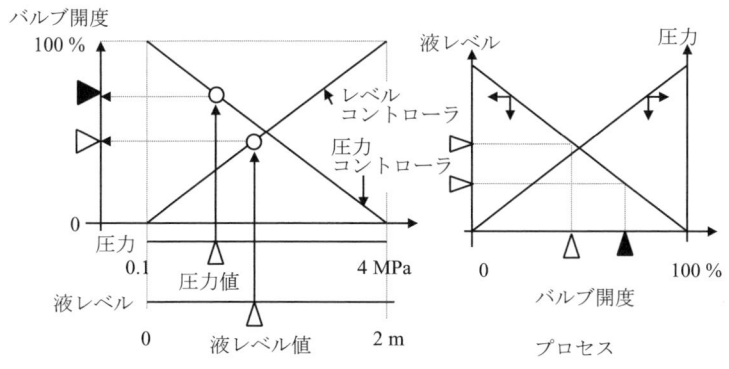

図 2.19 変換器・コントローラの入出力レンジの割当てとプロセスの入出力

[†] 設定の仕方については，**例題 3.1** ならびに **例題 2.15** を参照されたい

レベルが 2 m 以下になった場合，レベルコントローラからの出力値が 100 % からずれ，その値と圧力コントローラからの出力値といずれか小さい方が LSS で選択される。

その結果，図 2.19 の右図でわかるように，プロセス側では液レベルをつねに高くするように安全側に働く。

例題 2.10 図 2.20(a) に示すような圧縮機で連続的にガスを圧縮して圧力を上げているプロセスがある[44]。通常はモータの回転数を使って流量を 0〜10 m^3/min の範囲のなかの所定の量になるように制御しておき，圧力が 0〜3 MPa の操作範囲のうち 2 MPa を超えると，圧力を抑えるように回転数を操作しようとするようなオーバーライド制御系を設計したい。セレクタは HSS か LSS か？

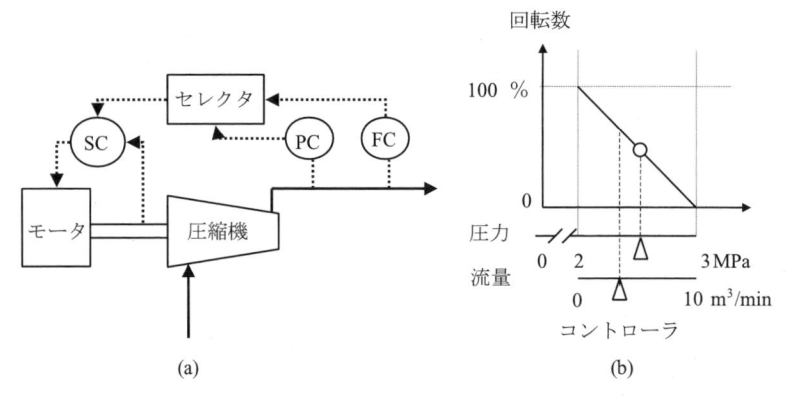

図 2.20 圧縮機 (コンプレッサ) 保護のためのオーバーライド制御

【解答】 LSS を使う。そのときの圧力ならびに流量と，モータ回転速度の変換器・コントローラ側のレンジの対応は，図 2.20(b) のようになる。流量が設定値より増えたとき，また圧力が 2 MPa を超えたとき，モータの回転数が小さくなるよう変換器とコントローラを設定しておき，LSS を使えば，より小さい回転数の設定値が選ばれる。プロセスでは，回転数が大きくなるに従い，圧力・流量は大きくなる。したがって，より小さい回転数の設定値の選択はプロセスにとって安全側に働く。 ◇

〔2〕 オークショナリング制御

オーバーライド制御とともに，装置の保護など安全面の目的からよく使われる制御構造に**オークショナリング制御** (auctioneering control) と呼ばれているものがある[†]。この制御系は，温度あるいは圧力などの同種のプロセス変数の複数個の測定値がある場合，複数個の測定値の中から，最大あるいは最小のものを選択して制御変数とするものである。例えば，**図 2.21** に示すような管型反応器でのオークショナリング制御を考えよう。この反応器では入口から出口に至るまでに流れ方向に温度分布ができる。反応に使う触媒の活性の問題から，反応器のどの場所においても，温度は，ある値より高くならないようにしたい。温度分布を制御するためには無限個の温度センサを配備した制御が必要になる[††]。しかし，これは無理な話である。この問題の現実的な解決策として，流れ方向の数点で温度を測り，その測定点のうち最高値を示す点の温度を HSS で制御変数として選択し，その値がつねに所定の値より低くなるように冷却水流量や処理量を操作することが行われる。これが管型反応器でのオークショナリング制御である。

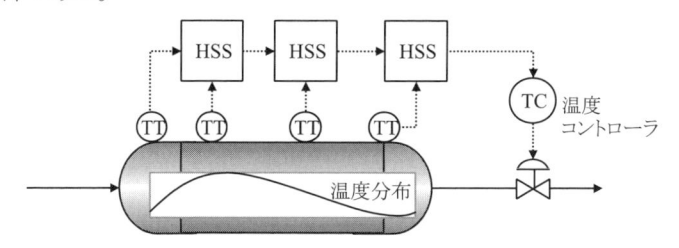

TT：温度信号伝送器

図 2.21 管型反応器でのオークショナリング制御

例題 2.11 反応器から得られる製品の濃度を，分析装置で測定し，その濃度の測定値から供給原料を操作して，その濃度を制御するフィードバック制御系を考えよう。その制御系では，分析値が低ければ，より反応を進め

[†] 絵画や骨董のオークションでは，最も高値を入れた人が競り落とす。この仕組みとのアナロジーからこの制御構造の名前が付けられている。
[††] 無限個のセンサを用いずに分布を制御する分布定数系の制御手法という高度な制御方法もある。しかし，内容が高度であるのでここでは取り扱わない。

るために原料を増加させる方向に動く。このとき分析装置の測定値の信頼性が乏しいため，分析装置を複数台用意し，図 2.22 に示すようなオークショナリング制御系を構築した。より安全側で運転するためには括弧の中のスイッチは HSS か LSS か？

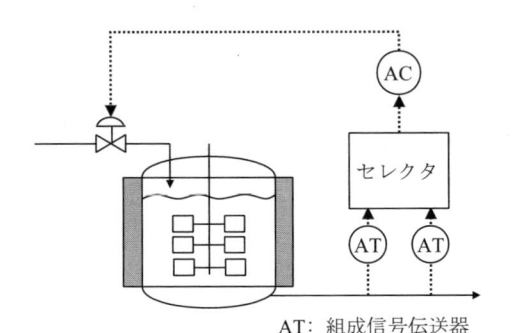

図 2.22　分析装置の多重化とオークショナリング制御

【解答】　HSS である。より高い測定値を選ぶことにより供給原料量を低くし，反応を抑え安全側で運転する。　　　　　　　　　　　　　　　　　　◇

〔3〕　スプリットレンジ制御

いままで見てきたオーバーライドやオークショナリング制御は，複数の制御変数に対して一つの操作変数を動かす制御構造のものであった。この逆の，一つの制御変数の測定値に応じて複数の操作変数を使い分ける制御構造のものがある。その一つが**スプリットレンジ制御** (split-range control) である。

例題 2.12　図 2.23(a) のような圧縮機を使った空気の圧縮プロセスでスプリットレンジ制御系を構築したい[16]。ただし，圧縮機への流入圧力の取りうる範囲は 0.1〜2 MPa である。この制御の目的は，通常，圧縮機への流入圧力を，流入空気量 (バルブ 1) を操作して制御し，圧力が 1.5 MPa 以上になった場合，ベントラインのバルブ 2 を開き始め，2 MPa になったときは，そのバルブ開度を 100％オープンにして過剰圧力を防止する。また，流入圧力が 0.5 MPa 以下になった場合は，低すぎる圧を補う意味

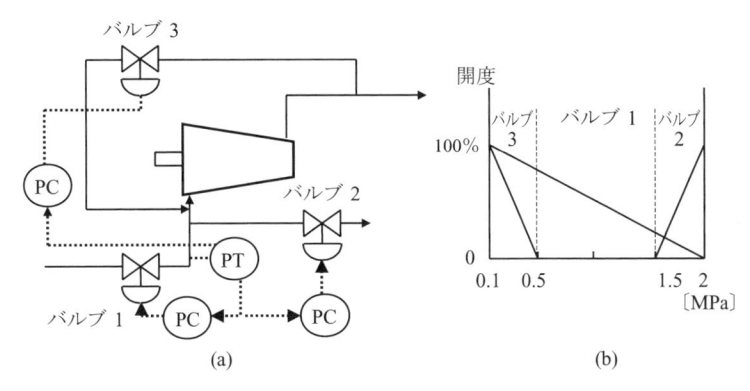

図 2.23 圧縮機のスプリットレンジ制御

で，リサイクルバルブ 3 を開きはじめ，0.1 MPa で，バルブ 3 の開度が 100%オープンになるようにしたい．信号の流れを図中に示すとともに，コントローラのレンジの割当てを示せ．

【解答】 図中の点線で信号の流れを示す．PC は圧力コントローラ，PT は圧力変換器を示し，圧力と二つのバルブの開度との関連は図 2.23(b) のようになる．

◇

〔4〕 バルブポジション制御

複数の操作変数を調整して，その変数の数より少ない数の制御変数を制御するもう一つの制御構造に**バルブポジション制御** (valve position control) と呼ばれるものがある．

図 2.24 のような発熱反応を伴う反応器では，発熱量が大きいため発生した気体を強制的に冷却する外部強制熱交換器とジャケットによる熱交換器が用意されている．この二つの熱交換器で反応器の温度制御系を構築する．操作変数として，冷媒流量 u_1 と冷却水流量 u_2 の二つの変数が使えるが，冷媒流量 u_1 に対して反応器の温度 y は素早く応答する．温度の制御性をよくするという点では，冷媒流量 u_1 を操作変数として制御系を構築することが好ましい．しかし，冷媒を使うと運転コストが高くなる．運転コストを安く抑えるためには，冷媒

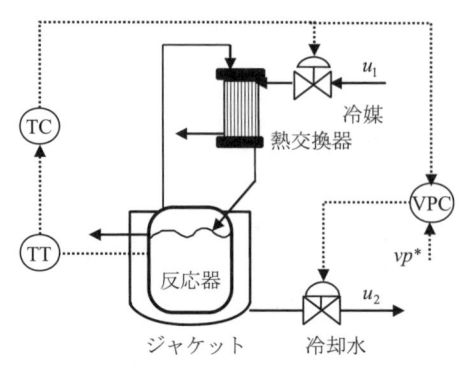

図 2.24　バルブポジション制御

使用量 u_1 をできるだけ控えたい．一方，冷却水 u_2 は，反応器温度の応答は冷媒に比べて悪いものの，運転コストは安く，経済性の観点からは好ましい．

このとき，制御変数 y を応答性の観点から好ましい u_1 でおもに制御し，さらに，その u_1 の値を制御変数として，できるだけ低い値 u_1^* に保つように u_2 を操作するような制御構造を採ることがある．このように二つの操作変数 u_1, u_2 をたがいの特徴を使いながら制御変数 y を制御するのがバルブポジション制御である[17,44]．この制御構造の名前は，本来，操作量である u_1 のバルブ開度 (valve position) を制御変数として制御することに由来している．

2.6　コントローラの設計

制御構造を選定したのち，つぎのステップはコントローラの設計である．コントローラの設計とは，制御変数の測定値から操作量を決める制御アルゴリズムの設計のことを意味する．

2.6.1　On-Off 制御

最も簡単な制御アルゴリズムは，On-Off 制御と呼ばれるやり方であろう．これは，設定値と制御量のずれに応じて，操作量を上限値か下限値かどちらかに操作するやり方である．

2.6.2 PID 制御

プロセス制御の分野で，最も有名で最も広く使われているのが比例・積分・微分コントローラ，いわゆる **PID** コントローラ (Proportional Integral Derivative control) と呼ばれるアルゴリズムである。このアルゴリズムについて説明しよう。時刻 t においてコントローラで計算される操作変数の値を $u(t)$，制御変数の測定値を $y(t)$，設定値を $r(t)$ としよう。また，時刻 t_o で定常状態にあり，そのときの操作変数および制御変数の値がそれぞれ u_o, y_o であったとする。偏差を $e(t) := r(t) - y(t)$ とすると制御アルゴリズムはつぎのように表現される。

- 比例動作：P 制御 $(t > t_o)$

$$u(t) = K_c e(t) + u_o \tag{2.1}$$

- 比例積分動作：PI 制御 $(t > t_o)$

$$u(t) = K_c e(t) + \frac{K_c}{T_I} \int_{t_o}^{t} e(\tau) d\tau + u_o \tag{2.2}$$

- 比例積分微分動作：PID 制御 $(t > t_o)$

$$u(t) = K_c e(t) + \frac{K_c}{T_I} \int_{t_o}^{t} e(\tau) d\tau + K_c T_D \frac{de(t)}{dt} + u_o \tag{2.3}$$

偏差の大きさに比例して操作量を決める**比例要素** (比例定数 K_c) と，偏差を時間積分した値に比例して操作量を決める**積分要素** (比例定数 K_c/T_I) と，偏差の微係数の大きさに比例して操作量を決める**微分要素** (比例定数 $K_c \cdot T_D$) の三つの組合せのいずれかにより制御アルゴリズムが構成される。比例定数のうち K_c は**比例ゲイン**，T_I は**積分時間**あるいは**リセットタイム**，T_D は**微分時間**と呼ばれる。T_I, T_D は時間の単位をもち，その値はつねに正である。

偏差に対して比例・積分・微分動作を行うことにどのような意味があるのか図 **2.25**(a) の液レベルの制御を例に取りながら見ておこう。いま，液レベル (制御変数)h がある設定値 r_o に制御されている状態から，設定値を新たに r^* に変更する。この設定値変更制御を比例制御だけで行うとどうなるであろうか。液レベル h が r_o で定常状態にあるときのバルブの開度を u_o としよう (ここでは，バルブの開度 u は流入流量 v_i に等価と考える)。新たな設定値 r^* が比較部に加

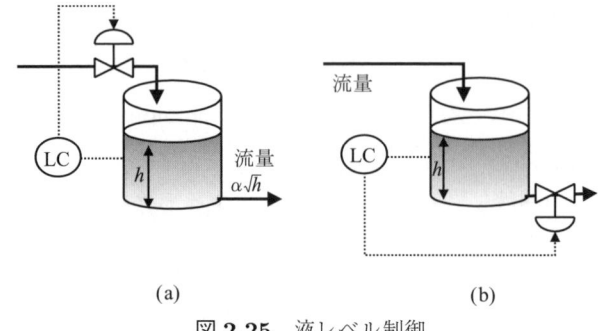

図 2.25 液レベル制御

えられた瞬間に偏差 e はゼロでなくなり，比例制御の分 ($K_c e(t)$) だけ操作変数は u_o から変化する．偏差を減ずるようにフィードバック制御していくから，液レベル h は新たな設定値 r^* に近づいていく．それとともに $K_c e(t)$ の値も小さくなる．

しかし，流入量を操作変数とする比例制御だけでは，図 **2.25**(a) のタンクの液レベル h は絶対に新しい設定値 r^* に辿り着かない．いい換えれば時間が十分たって定常に至っても偏差はゼロにならない．この偏差は**定常偏差**（オフセット：offset）と呼ばれる．

例題 2.13 図 **2.25**(a) の液レベル制御を比例制御で行うと定常偏差が残ることを示せ．

【**解答**】 操作量（流入流量）が一定 u_o でかつ液レベル h が r_0 で一定という定常状態にあるとする．このとき，流出流量 v_o はベルヌーイ則に従うと仮定すると次式を満たしている．

$$v_o(r_0) = \alpha\sqrt{r_0} = v_i(r_0) = u_o \tag{2.4}$$

定常状態では，流入および流出流量は液レベルの関数となる．液レベル r_0 で定常状態にあるときの流出および流入流量を $v_o(r_0)$, $v_i(r_0)$ と表す．また，液レベルが h^* で定常状態にあるときも，同様に次式が成り立つ．

$$v_o(h^*) = \alpha\sqrt{h^*} = v_i(h^*) = u(h^*) \tag{2.5}$$

いま，比例制御で r_0 から r^* への設定値変更制御を行い，液レベルが h^* で定常状態に至ったとしよう．そのときの操作量は式 (2.1) から

$$u(h^*) = K_c e(\infty) + u_o \tag{2.6}$$

となっている。ここで $e(\infty)$ は定常状態で十分時間が経ったときの偏差 $(r^* - h^*)$ を意味している。

比例制御で定常偏差が残らない $(e(\infty) = 0)$ と仮定すると，上式より $u(h^*) = u_o$ となる。これは，$v_o(r_0) = v_o(h^*)$，$h^* = r_0$ を意味し，制御により液レベルが変わっていないことになる。すなわち $h^* \neq r_0$ なら，必ず $e(\infty) \neq 0$ でなければならない。これはオフセットが残ることを意味する。 ◇

このような比例制御の欠点を補い，オフセットを消すためのものが積分動作である。積分動作は，偏差の値を時間積分した値に比例して操作量を決める。したがって，偏差がゼロでない限り，積分動作の偏差の積分値は変化し続け，操作量も変化し続ける。逆にいえば，積分動作を含む制御で操作量が一定で変化しない(定常)ならば，そのときは偏差はゼロになっていなければならない。すなわち，積分動作を使った制御系で定常状態が達成できれば，偏差はゼロにできる。このような積分動作の利点を踏まえて，現実には定常に至る応答を調節するための比例制御と組み合わせて，比例・積分制御として使われる。

微分動作は定常に至るまでの速度を調節するために使われる。偏差の変化速度に比例して操作量を決める微分動作は，その変化速度から一歩先の偏差の値を予測して，操作量を決めているといえる。例えば，図 **2.26**(a) のように偏差が動いてきたなかで，時刻 t で操作量を決定するとき，比例動作だと $e(t)$ に比例して操作量を決めるだけになる。微分動作は時刻 t での偏差の変化スピードから未来の出力 y の設定値からのずれがより大きくなることを予測し，操作量を比例動作だけのときより大きく変化させ，より速く偏差をゼロに戻そうと動作する。また，図 **2.26**(b) のように偏差がゼロに近づいている動きのなかで，時刻 t で操作量を決定するとき，偏差の微係数から未来の偏差が小さくなることを予測して，操作量を比例動作だけのときより小さめの変化 (u^* からの変化) に抑え，制御変数の値が設定値を超えることを防ぐ。このように微分動作は，より速く偏差をゼロに戻すように動作させるために使われる。

フィードバック制御を行う場合，設定値と制御量のずれをより小さくするように操作変数を動かすことがネガティブフィードバックの基本であった。比例制

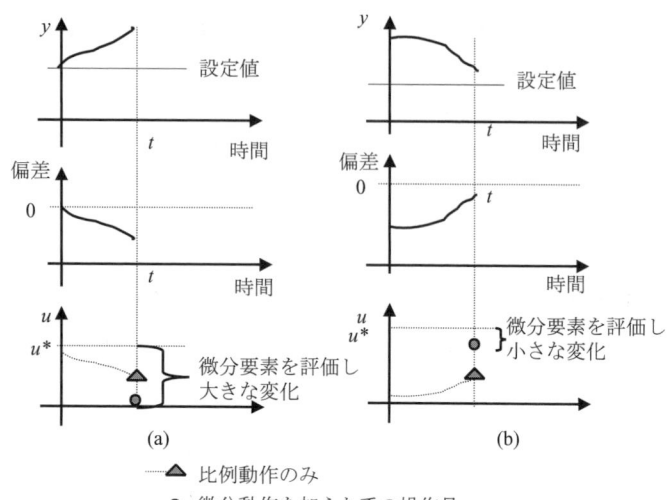

図 2.26 微分動作の効果

御は，設定値と制御量のずれ (偏差) の大きさに比例して操作変数を動かし，積分制御は設定値と制御量のずれがゼロでない限り操作変数を動かし続けようとする．しかし，偏差に対して操作量を大きくするほうに動かせばいいのか，小さくするほうに動かせばよいのか，については議論していない．いい換えるなら，比例制御のゲイン K_c の符号については，議論していない．

例えば，図 2.25(a)(b) に示すようなタンクの液レベルを制御する二つの方法を考えてみよう．制御変数である液レベルが設定値を超えた場合，図 2.25(a) の制御系では，バルブを閉める方向に動かさねばならない．また，図 2.25(b) の制御系では，バルブを開く方向に動かさねば液のレベルは設定値に近づいていかないことがすぐわかるだろう．エア・トゥー・オープン[†] のバルブがどちらの制御系にも使われているとすると，図 2.25(a) では，比例ゲイン K_c の符号は正のコントローラが，図 2.25(b) では，比例ゲイン K_c の符号は負のコントローラが使われなければならない．

このような単純な例にも見られるように，コントローラの設計では，選定し

[†] 空気圧がなくなると閉じ，空気圧を増やすと開くバルブである．詳細は次章の調節バルブの動作方向を参照のこと．

た操作変数，外乱の変化に対して，制御変数がどのような挙動をとるかを知ることが大切になる．すなわち，対象とするプロセスの静的および動的な挙動を十分把握することが，性能のよいコントローラを設計するためには必要不可欠なのである．

2.7 実装

2.7.1 無次元化と比例帯

式 (2.1), (2.2), (2.3) のどの式の表現でも，K_c は操作量の単位を制御量の単位で割った次元をもつ．

例題 2.14 液レベルの制御 (図 **2.25**(b)) を，水位を計測し流出バルブの開度を調節する PID 制御 (式 (2.3)) によって行うとしよう．その際，比例ゲイン K_c の単位は，〔%/m〕となることを示せ．ただし，偏差信号 $e(t)$ の単位は〔m〕で操作信号 $u(t)$ の単位はバルブ開度〔%〕である．

【解答】 $e(t)$ の次元は〔m〕．$e(t)$ の積分値を時間の次元をもつ T_I で割っているので，右辺第 2 項の次元は〔m〕．第 3 項も同様に次元は〔m〕となる．それらの値に K_c を乗じて，操作量 $u(t)$(バルブ開度 %) が求められているのであるから，K_c の単位は〔%/m〕である． ◇

K_c の単位は制御対象 (操作変数と制御変数の組) によって変わる．これでは，制御対象に応じて，有次元のゲインが設定できるコントローラを個々に作らねばならず不便である．このような不便を避けるため，偏差信号 $e(t)$ および操作量 $u(t)$ をそれぞれそれらの最大変化幅に対する百分率で規格化し，その規格化した値に対して比例ゲインを設定することが工業的には行われている[†]．

[†] 実際，つぎの章で学ぶように，ほとんどの信号は電流か電圧に変えられコンピュータに伝送される．そのとき，操作量や制御量の計器の最大値，最小値を，伝送可能な電流あるいは電圧の最大値ならびに最小値に割当てるという正規化を行う．

工業用のコントローラでは，次式で定義される**比例帯** (Proportional Band：PB〔%〕) という正規化した値が比例ゲイン K_c の代わりに使われる。

$$PB = \frac{100}{|K_c|} \frac{\times (コントローラの出力信号の最大値-最小値)}{\times (コントローラへの入力信号の最大値-最小値)} \quad (2.7)$$

したがって，PID 制御の式は PB を使うと次式のように表せる。

$$u^*(t) = \frac{100}{PB}(e^*(t) + \frac{1}{T_I}\int_{t_o}^{t} e^*(\tau)d\tau + T_D \frac{de^*(t)}{dt}) + u_o^*(t_o) \quad (2.8)$$

ただし，$u^*(t)$ は，コントローラからプロセスへ出力する信号の最大値から最小値を引いた値 (出力スパン) で $u(t)$ を割り算した値，$e^*(t)$ は，コントローラへの入力信号の最大値から最小値を引いた値 (入力スパン) で，偏差 $e(t)$ を割って無次元化した値である。

比例ゲインの値の決め方は後述するが，求まった比例ゲインの値 K_c を工業計器に入力するためには，比例帯の値に換算しておかねばならない。

例題 2.15 図 2.25 の液レベルの PID 制御においてコントローラの比例帯の計算式を求めよ。ただし，比例ゲイン K_c は〔%/m〕の次元を有し，コントローラからの出力である操作変数 (バルブ開度) が取りうる値は，0(全閉)～100%(全開) で，偏差信号 (コントローラへの入力信号) の取りうる値は，0～5〔m〕であるとする。

【**解答**】 比例帯は

$$PB = \frac{100}{|K_c|}\frac{(100-0)}{(5-0)}$$

として設定される。$|K_c|$ は K_c の絶対値を意味する。 ◇

PB は定義からもわかるように正の値しかとらない。しかし，現実には，液レベル制御の例で述べたように，負の値の比例ゲイン K_c を採らねばならないときがある。実際の工業計器では，K_c の大きさは比例帯で，その符号の調整はコントローラの**正逆動作切り替えスイッチ** (direct/reverse) と呼ばれるスイッ

チで行われる。K_c が負の場合は direct，K_c が正の場合は reverse と設定される[†]。

2.7.2 計装記号

プロセス制御系の設計結果，特に制御構造の設計結果は **P&I ダイアグラム** (Piping and Instrumentation diagram) と呼ばれる設計図表で表現される。この図表で使う記号は，いままで例題の中で使ってきたように，流量コントローラは FC，レベルコントローラは LC と記すなど JIS や ISO などの基準で定められている。現実の P&I ダイアグラムには，もう少し詳しい情報がわかるよう

表 2.1 計装基本記号

文字記号	変量記号	機能記号
A	濃度	警報
C		制御・調整
D	密度・比重	
E	電気的量	検出器
F	瞬間流量	
G	位置・長さ	ガラス
I		指示
K	時間	操作ステーション
L	レベル	
M	水分・湿度	
P	圧力・真空	測定点
Q	品質・組成・濃度	積算
R	放射線	記録
S	速さ・回転数	スイッチ
T	温度	伝送
V	粘度	バルブ
W	質量	保護管
X	不特定の変量	その他の機能

JIS Z 8204-1983 (2000 確認)

[†] K_c の符号のイメージと逆の設定になっている。これは，工業計器の設定では，操作変数の動作方向を偏差 (設定値−制御量) に対してではなく，制御量−設定値の値の正負に対して direct/reverse を定義しているためである。すなわち，制御量が設定値を超えた場合に，操作量を増加する方に動かすコントローラの設定が direct で，操作量を減少する方に動かす設定が reverse となる。

な記号が使われる．例えば，FIC-101 という記号が使われ，F は変量記号で流れ (Flow) を，IC は機能記号で指示 (Indicate) とコントロール (Control) を意味し，「指示計付流量コントローラで，プラント内の識別番号は 101 である」ことを表現している．このように　**計装記号** (instrumentation symbols) は，○・○○－ XXXX(変量記号・機能記号－個別番号) から構成される．

1. 変量記号　その機器で取り扱うプロセス変数の種類を表示する．
   (F:=流量計，T:=温度計，L:=レベル計，P:=圧力計　など)

表 **2.2**　計 装 記 号 [23]

計器信号線	(簡易形式と正式の混合はダメ)	
種類	図記号（正式）	図記号（簡易形式）
電気信号（E）	─ℓ─ℓ─	----------------
空気圧信号（A）	─⫽─⫽─	─⫽⫽⫽─
油圧信号	─ℓ─ℓ─	─╱╱╱─
細管	─×─×─	─×─×─
導路がある放射	↗↗ ↗↗	∼∼∼

信号線の接続方式	
接続していない	─┼─
接続している	─┼─
分岐している	─┼─

測定点	
一般配管の場合	プラント機器の場合
○	▭─○

計測機器	(直径約 1cm)		
監視場所	一般計器	コンピュータ	CRT
現場または区別なし	○	⬡	▢
計器室監視操作	⊖	⬡	▢
直径約1cmの細い実線の円記号に，文字記号，個別番号を記入して表す．一部円外に記してもよい			

操作部	
種類	図記号
ダイヤフラム式	⌒
ダイヤフラム式圧力バランス形	⊖
電動式	Ⓜ
電磁式	⎍
油圧式	Ⓛ
ピストン式	⊟

調節端	
種類	図記号
バルブ（一般）	⋈
アングル弁	⊲
三方弁	⋈
バタフライ弁	─•
ボール弁	⊠

2. 機能記号　その機器の基本的機能を表示する。
    (I:=指示 (indicate), R:=記録 (record), C:=コントローラ, T:=伝送, E:=検出　など)
3. 個別番号　その機器を識別するために各ループ別,装置別につけられた通し番号

そのほかの計装記号を,表 2.1,表 2.2 にまとめている[23]。一度,眺めてみることをお奨めする。本書で扱う P&I ダイアグラムでは,特別な場合以外,PT,TT,FT などという伝送器,変換器は省略し,信号線は簡易タイプの点線を用いている。

2.7.3　制御系とハードウェア

コントローラの設計が終わったのち,現実に制御系を装置に実装しなければならない。そのステップでは,センサ,信号の伝送器,コンピュータのハードウェアの選定ならびにそれらのハードウェアを接続していかねばならない。そのために知っておくべきことをつぎの章にまとめる。

＊＊＊＊＊＊＊＊　演習問題　＊＊＊＊＊＊＊＊

【1】連続に繋がった装置がある。貯留液レベルと生産量 (製品の流量) の制御として,図 2.27 に示すような二つの方法を考えた。生産量の設定値 F_{sp} を変更したとき,それぞれの方式で,複数あるバルブの開度はどのような順に動き始めるか述べよ。また,生産量を変更してから全装置が定常になるにはどちらの制御方式のほうが早いか議論せよ (図中,伝送器の計装記号は省略している)。

【2】ナフサを加熱炉で加熱分解する図 2.28 のようなプロセスがある。この加熱炉において,つぎのような制御ループ (多重ループ制御構造) を考えた。その P&I ダイアグラムを描け (図中,レシオコントローラは RC で表し,伝送器の計装記号は省略してよい)。

(a) 加熱炉出口の分解ナフサの温度は燃料油流量を調整して制御する。

(b) 燃料油の流量制御は,燃料油流量を測定してバルブ開度を調節して行う。

(c) 3 系列のパイプラインを流れる流量が等しくなるように制御する。

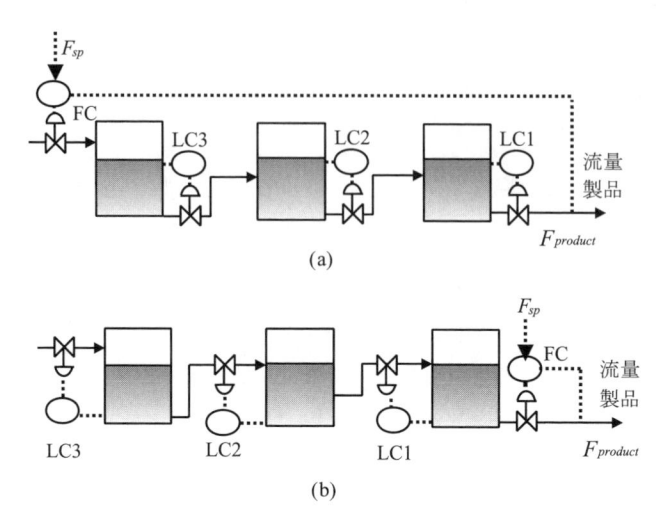

図 2.27 連続に繋がれた装置群

(d) 加熱炉での総処理量は原料ナフサ流量で調節する。

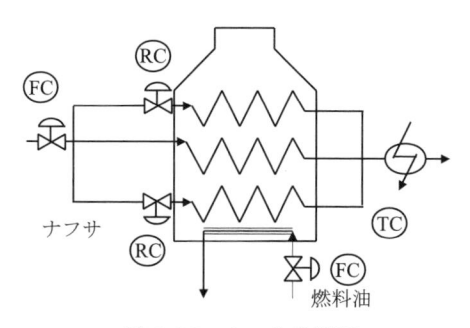

図 2.28 ナフサ分解炉

【3】図 2.29 のように，高圧の蒸気が流れるパイプライン (管路) と低圧の蒸気が流れるパイプラインシステムがある。以下の二つの操作を実現するオーバーライド制御系を，high selector switch と圧力センサとコントローラを使って実現せよ。

(a) 低圧蒸気の需要が現状の供給量より上回る場合，高圧蒸気のラインから蒸気を低圧蒸気のラインに流して需要を満たす。このとき，高圧蒸気のラインから低圧蒸気ラインに流す蒸気の量は，低圧蒸気の圧力がある所定の値 (設定値) になるように決める。

(b) 高圧蒸気の圧力が規定の上限値を超えそうになる場合は緊急避難的に，高

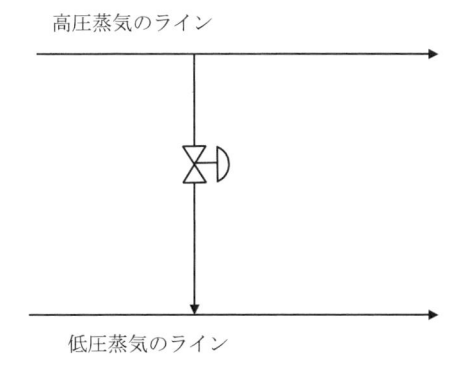

図 2.29 スチーム用役系のオーバーライド

圧蒸気の圧力を上限値以下に戻すように，高圧蒸気ラインから低圧蒸気ラインに蒸気を流す。

【4】 反応器内の温度を冷却水で制御するために，つぎのような仕様を満たす二重カスケード制御系を設計した。制御系の P&I ダイアグラムを図 2.30 に書き入れよ。

(a) 反応器内の温度 T を制御変数とし，ジャケット温度 T_J を操作変数とする。

(b) ジャケット内の温度 T_J は，新しい冷却水の流量で調節する。

(c) つぎのような三つのコントローラで実現する：

　　i. 反応器内の温度を測定し，その設定値 T_{SP} と比較して，ジャケット内の冷却水の温度の設定値 T_{JSP} を出力する温度コントローラ。

　　ii. 設定値 T_{JSP} とジャケット内の冷却水の温度 T_J から新しく供給する冷却水量の設定値 F_{SP} を与える温度コントローラ。

　　iii. 新しい冷却水の流量をバルブで制御する流量コントローラ。

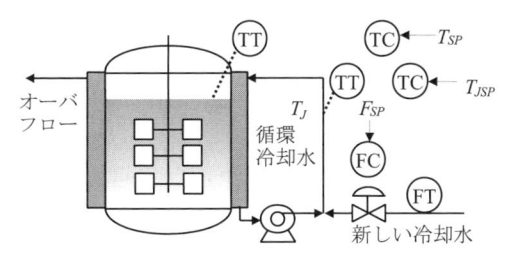

図 2.30 反応器内温度制御 (二重カスケード)

【5】 蒸留塔の圧力をコンデンサへ流れる冷媒量で制御するときがある。このとき，図 2.31 のように原料に非凝縮性のガスや不純物ガスを含む蒸留では，それらのガスを還流槽からパージしなければ，塔内にガスが溜まり続け，ひいては冷媒量を増やしても十分な凝縮がおこらず，冷媒量による圧力制御をも不能にしてしまう。そこで，通常の操作では，塔内圧は冷媒流量で制御し，ある圧力以上のときパージし始めることによって圧力を制御するようなスプリットレンジ制御を考え，その P&I ダイアグラムを描け。

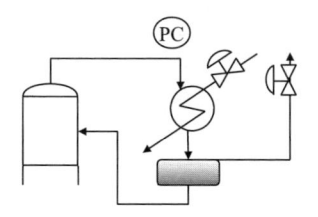

図 2.31 蒸留塔圧力制御

3 プロセス制御とハードウェア

　制御システムを構成するハードウェアについてさらに学ぼう。センサやアクチュエータ，コンピュータの個々の細かい仕組みについては触れず，それらの機器がどのように結合されて制御系を構成しているのかについて学ぶ。ここでは，プロセス制御ではバルブが現実に使われるアクチュエータの大半を占めることから，バルブの特性について詳述し，バルブの選択に絡む制御性と運転コストのトレードオフの問題について述べる。

3.1 プロセス制御系のハードウェア構成

制御システムは，つぎのようなハードウェアから構成される。

- センサ (sensor)：制御量，外乱の値をオンラインで測定する機器である。
- 伝送器 (transmitter)：センサによって計測した情報をコントローラに伝える機器である。
- 変換器：センサで測られたさまざまな種類の状態量 (温度・圧力・濃度など) を，電流あるいは電圧に変換する機器のことである。この定義は少し曖昧で，シーボルグ (Seborg) らは，センサと伝送器をまとめて変換器 (transducer) と呼んでいたり [39)，リューベン (Luyben) らは，伝送器は，センサ信号から電流信号への変換器であり伝送器自体を変換器の一種だと定義していたりする [17)。

信号の変換にはつぎのようなものがある。

I/P, P/I：＝電流 → 圧力，圧力 → 電流の変換器
I/E, E/I：＝電流 → 電圧，電圧 → 電流の変換器

がある．以前は，空気圧信号の伝送が主流であったが，精度の高さと設備費用が大幅に軽減できるという利点から，4〜20 mA の電気信号による伝送がいまでは主流となっている．特に最近では，機器個別に引いていた信号線を共用化する**フィールドバス**という技術が実用化され，ディジタル信号の同時大量処理が可能となってきている．

- **コントローラ**：センサ・伝送器の信号から操作量を決定する機器であり，現在は，ディジタルコンピュータが使われている．
- **アクチュエータ** (actuator)：ファイナル・コントロール・エレメントとも呼ばれ，コントローラで計算された操作量をプロセスで実行するための機器である．プロセス制御ではバルブ，ポンプ，モータや圧縮機が最も多く使われるアクチュエータとなる．

図 **3.1** に示すように，これらの機器のうち，センサや伝送器は装置の傍に配備され，**DCS** (Distributed Control System) と呼ばれるコントローラは**集中監視室** (control room) と呼ばれるところに配備される．コントローラが装置に

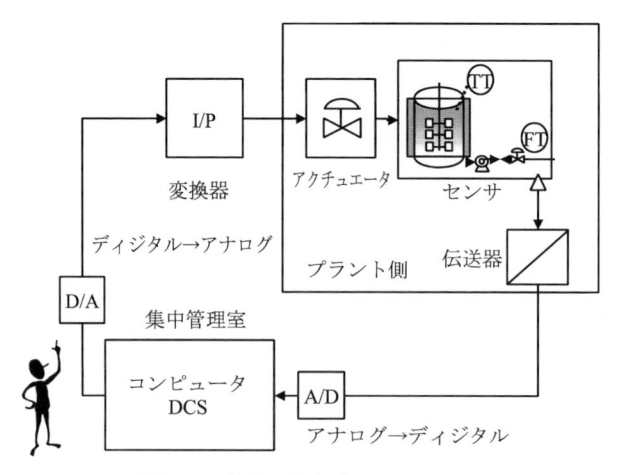

図 **3.1** 信号の流れとハードウェア

装備される場合もあるが，その場合は，そのコントローラの設定値を計算するコンピュータ (superviory computer) を，集中監視室におくことが多い。集中監視室では，さまざまな制御系のコントローラを集めてオペレータが管理している。

3.2　プロセス変数とセンサ

プロセス制御では，圧力，温度，レベル，流量を計測することが最も多い。そのほか，密度，溶液粘度，濃度，pH のセンサも使われている。代表的なセンサの種類を**表 3.1**[22)] にまとめている。

3.3　伝送器と変換器

コンピュータからの信号を電流・電圧に変換してアクチュエータに送る機器，およびその逆の，伝送器や変換器の電流・電圧信号をコンピュータで扱えるようなディジタル値に変換する機器も，それぞれ変換器と呼ぶ。ただし，英語では，コンバータ (convertor) と呼ぶ。

3.3.1　D/A と A/D 変換器

測定値から操作量を計算するのはコントローラである。最近ではコントローラには，ほとんどディジタルコンピュータが使われる。コンピュータは電圧とディジタル信号しか取り扱えないため，直接，温度や圧力値を取り込むことはできない。そのため，センサの信号は，まず，電流値 (4〜20 mA) に変換され伝送器でコンピュータに送られる。コンピュータでは，I/E 変換器でその電流を電圧に変換し，さらにディジタル値に変換する。アナログ信号である電圧からディジタル信号への変換は A/D(Analog-to-Digital) と呼ばれる変換器 (convertor) で行われる。また，逆にディジタル信号から電圧への変換は D/A (Digital-to-Analog) と呼ばれる変換器で行われる。

表 3.1　プロセス変数とセンサ [22]

変数	機器	原理	特長
温度	熱電温度計	2種類の金属線回路の接合点の温度差で生じる熱起電力	合金種 (R,S,K,E,J,T 型)
	測温抵抗体	金属の電気抵抗の温度依存性	白金を使用 $-200 \sim 500$℃
	バイメタル式温度計	2種の金属の熱膨張の差	$-50 \sim 500$ ℃
	放射温度計	絶対温度の4乗 $\propto$ 放射エネルギー	放射率の設定が必要
	赤外線温度計	放射赤外線と温度の相関関係	サーモグラフィが有名
圧力	U字管	圧力差	最も簡単な構造。低圧用
	ブルドン管	金属の弾性変形	高圧ガス製造設備で最も広く使用
	ダイヤフラム	ダイヤフラムのたわみ	腐食性流体, 高粘度流体, 低圧用
	ベロー式	リン青銅などの金属ベローの伸縮量	自動制御の要素として利用
	圧電式	ピエゾ電気 (加えた圧力に比例して発生する起電力)	応答速度がきわめて速い
流量	差圧式流量計	管路の絞りに生じる差圧と流量の関係	ピトー管, オレフィスメータ, ベンチュリー管
	面積式流量計	フロートの位置	現場指示計, 小流量の測定
	渦流量計	カルマン渦の発生周期と流れ	圧損少, 排ガス, スチーム, 液体固体・気泡を含む流れには不適
	容積式流量計	ロータとケーシングの間の容積とロータの回転数より算出	密度粘度の影響少
	タービン流量計	ロータの回転数と流れの相関関係	高粘度に不適, 構造は簡単
	超音波式流量計	流体中の音波伝播速度あるいはドップラー効果	
レベル	差圧式	水頭圧	大気との差, 基準水頭との差
	フロート	フロート位置	
	放射線液面計	放射線の透過強度	
	超音波流量計	液面からの音波の反射時間	
濃度	クロマトグラフ	物質の親和力	熱伝導法 (TCD) 水素炎イオン化検出法 (FID)
	FTIR 分析計	赤外吸収強度	

変換器は，変換する信号範囲と基準となるゼロ点で規定される．例えば，0.1〜10 MPa の圧力値を 4〜20 mA の電流に変換する P/I 変換器を考えてみよう．9.9 MPa (すなわち，9.9 = 10 − 0.1) を変換器の**スパン** (span)，0.1 MPa を**変換器のゼロ** (zero) と呼ぶ．また，スパン 9.9 MPa で 16 mA を割った値は，入力である圧力が 1 MPa 変わったときにどれだけ電流が変わるかを示す感度となる．これは**変換器のゲイン** (gain) と呼ばれる．

例題 3.1 温度を測定してバルブ開度を操作する制御系を考える．温度の測定範囲を 100〜600 ℃とし，変換器で 4〜20 mA に変換してコントローラに伝送する．この変換器のゲインを求めよ．また，センサで捉えた温度が 300 ℃のとき，変換器が出力する電流値を求めよ．

また，4〜20 mA の電流を 0.12〜0.2 MPa の空気圧に変換しバルブを動かすとしたときの I/P の変換器のゲインを求めよ．

【解答】 温度 → 電流 の変換器のゲインは

$$\frac{(20-4)\,[\mathrm{mA}]}{(600-100)\,[\mathrm{℃}]} = 0.032 \frac{\mathrm{mA}}{\mathrm{℃}}$$

300 ℃のときは，$4 + 0.032(300 - 100) = 10.4 \mathrm{mA}$ の出力となる．

電流 → 圧力 の変換器のゲインは

$$\frac{(0.2-0.12)\,[\mathrm{MPa}]}{(20-4)\,[\mathrm{mA}]} = 0.005 \frac{\mathrm{MPa}}{\mathrm{mA}}$$

となる． ◇

3.3.2 変換器の測定精度

電圧をディジタル信号に変換する場合も，ディジタル信号から電圧に変換する場合も，ディジタル信号はビット (bit) という数で決まる整数値しかとれない．

例えば，8 ビットの D/A あるいは A/D 変換器を使うとしよう．変換する整数の個数は，$I_{max} - I_{min} + 1 = 2^8 = 256$ 個となる．電圧信号は，$I_{min} = 0$ から $I_{max} = 255$ までか $I_{min} = -128$ から $I_{max} = 127$ の範囲で変換される．**図 3.2** は，横軸に電圧値，縦軸に整数値をとり，電圧値がどの整数に変換され

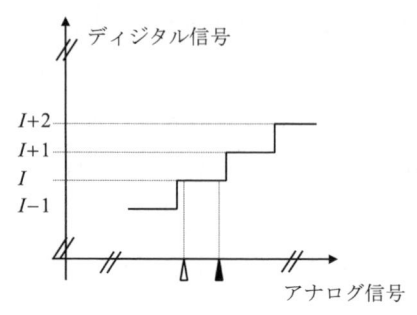

図 3.2 A/D, D/A 変換に伴う誤差

るかを示している。電圧値の取りうる範囲を整数値の取りうる範囲で割った値 (電圧値の取りうる範囲)$/(I_{max} - I_{min})$ を **解像度** (resolution) と呼ぶ。解像度より小さい電圧値の差異は変換器で認識できない。すなわち，図中 (図 **3.2**) に示すように，△の電圧値も▲の電圧値も同じ整数値に変換されてしまう。これが，アナログ信号の電圧値を有限個の整数値に変換しようとするために起こる**量子化誤差**と呼ばれるものである。

例題 3.2 0〜5 V の電圧を 8 ビットの A/D 変換器でディジタル信号 (0〜255) に変換する。解像度はいくらか。また，ディジタル信号が 248 と 12 となる電圧値はそれぞれいくらか。

【解答】 解像度は，$(5-0)/(2^8 - 1) = 5/255$ 〔V/digit〕となる。248 となるのは
$$\left(\frac{248 \times 5}{255} - \frac{5}{255 \times 2}, \frac{248 \times 5}{255} + \frac{5}{255 \times 2}\right)$$
の範囲の電圧であり，12 となるのは
$$\left(\frac{12 \times 5}{255} - \frac{5}{255 \times 2}, \frac{12 \times 5}{255} + \frac{5}{255 \times 2}\right)$$
の範囲の電圧である。 ◇

例題 3.2 の変換器で 0.1 V と 4.5 V がそれぞれディジタル値に変換されたとしよう。各変換において解像度の 1/2 に相当する誤差を考える。その誤差は，

相対誤差[†] としてみると，19.6％と 0.2％となる。明らかに 0 V に近い測定値ほど相対誤差は大きい。このためセンサ信号の電圧への変換は 1 V 以上に変換されることが多い。

例題 3.3 図 3.3 のような水位レベルの制御系を実験用に作ることにした。水位は差圧計で計測する。差圧計とは水圧から水位を計測するセンサの 1 種である。ここでは，測定範囲が 10〜100 cm で精度が ±0.5 cm のものを選んだとしよう。差圧計は 10〜100 cm の水位を 4〜20mA の電流に変換し伝送器に送る。伝送器で 1〜5 V に変換したのちに A/D 変換器に送りディジタル信号に変換する。センサ精度と解像度の観点から適切なディジタル信号に変換するための A/D 変換器を選択したい。8, 12, 32 ビットのうち，どの A/D 変換器を選ぶべきか[38]。

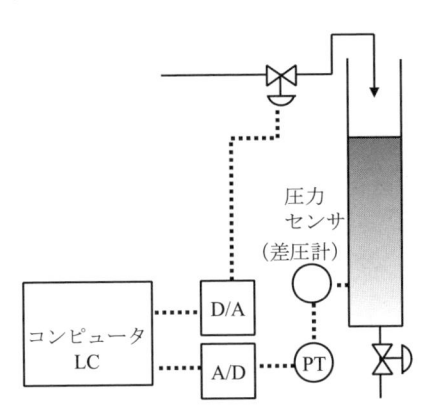

図 3.3 水位レベル制御のハードウェア

【解答】 A/D 変換器の解像度は，8, 12, 32 ビットの変換器それぞれで $(20-4)/(2^8-1)$, $(20-4)/(2^{16}-1)$, $(20-4)/(2^{32}-1)$, となる。これを水位に換算すると $0.35, 1.4 \times 10^{-3}, 2.1 \times 10^{-8}$ cm となる。

差圧計による水位の測定精度が ±0.5〔cm〕であることから，いたずらに A/D 変換器の精度をあげる必要もなく，この場合 8 ビットで十分である。   ◇

[†] 相対誤差 (relative error) とは (誤差値/測定値) で定義される値である。

3.4 アクチュエータ

プロセス制御では，アクチュエータとして流量を調節するバルブ (弁) が最も頻繁に使われる。バルブと流量の関係は，バルブの前後の圧力，流体の性状などによって異なる。よって両者の関係を正しく理解しておくことは，制御系を実装する上で重要となる。

3.4.1　バルブ (弁)

〔1〕　調節バルブの動作方向

現在でも，プラントでは空気圧によって動くバルブが数多く使われている。バルブの形式には，空気圧が高くなったとき流路を閉める方向に動くものと反対に開ける方向に動くものがある (図 3.4)。この動きは，図に描くようにダイアフラムとスプリングの構造によって決まってくる。空気圧がなくなると閉じ，空気圧を増やすと開くバルブを**エア・トゥー・オープン** (AO：Air-to-Open)。逆に，空気圧が増えると閉じ，なくなると開くバルブを　**エア・トゥー・クローズ** (AC：Air-to-Close) という。どちらのバルブを使うかは，フェールセーフ (fail safe) の考え方† に基づいて決められる。

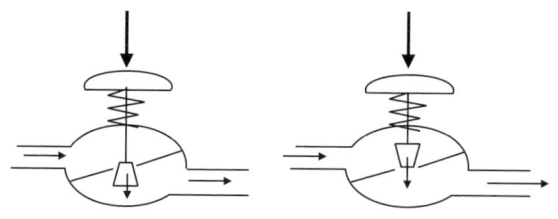

(a)　エア・トゥー・オープン　　(b)　エア・トゥー・クローズ

図 3.4　エア・トゥー・オープンとエア・トゥー・クローズ

例題 3.4　つぎの状況では，AO と AC のどちらの形式のバルブを使うべ

---

† 計器が故障したり動力源が停止したとき，必ず装置が安全な方向に動くように，装置なり制御系を設計すること。文字通り「失敗しても安全」側に動くように設計する思想である。

きか答えよ
1. 発熱反応が起こっている反応器を冷却するために冷水を使っている。この冷水量を調節するバルブ。
2. スチームを蒸留塔のリボイラの熱源として使っている。このスチーム量を調整するバルブ。
3. 加熱炉に燃料ガスを供給している。この燃料ガス量を調整するバルブ。

【解答】 1)Air-to-Close (空気圧ゼロでバルブは全開), 2)Air-to-Open(空気圧ゼロでバルブが全閉), 3)Air-to-Open(空気圧ゼロでバルブは全閉) ◇

〔2〕 バルブのサイズと制御性

バルブの中を流れる流体の流量は，バルブの開度，流体の状態 (気体か液体か)，流体の粘度，入口圧力 P_1 と出口圧力 P_2 の関数として，つぎのように決まる[5]。

- 〈液体の場合〉†
$$V_L = \frac{1}{1.17} C_V f(x) \sqrt{\frac{\Delta P}{L_\sigma}} \tag{3.1}$$

- 〈気体の場合〉 $(\Delta P \leq P_1/2)$
$$V_g = 287 C_V f(x) \sqrt{\frac{\Delta P (P_1 + P_2)}{G_\sigma (273 + T)}} \tag{3.2}$$

- 〈気体の場合〉 $(\Delta P > P_1/2)$
$$V_g = 249 C_V f(x) \frac{P_1}{\sqrt{G_\sigma (273 + T)}} \tag{3.3}$$

ここで

V_L :=液体流量〔m³/h〕

V_g :=標準状態での気体流量〔Nm³/h〕

C_V :=バルブを全開にしたとき一定の差圧で流れる流量〔m³/h〕

x :=バルブの開度〔-〕

---

† 1.17, 287, 249 は，有次元の係数である。

$f(x)$:=バルブの開度 x と流量の関数関係。

ΔP:=P_1 と P_2 との差〔kgf/cm^2〕†

L_σ:=水に対する相対比重〔-〕，水=1

G_σ:=空気に対する相対比重〔-〕，空気=1

T:=操作温度〔℃〕

例題 3.5 タンク 1 からタンク 2 へ水を輸送する図 **3.5** のようなプロセスを考えてみよう。ポンプの能力を決めるために与えられた条件は

- タンク 1 の内圧は $P_1 = 2 \text{ kgf/cm}^2$
- 配管 (輸送ライン) から液表面までの高さは $H_1 = 2 \text{ m}$
- タンク 2 の内圧は $P_2 = 15 \text{ kgf/cm}^2$
- タンク 2 の供給口までの高さは $H_2 = 10 \text{ m}$
- バルブ係数 C_V が 40 と 20 のバルブのどちらか一方を選べる。
- 開度が $x = 0.5$ で $f(x) = 0.5$，全開 $x = 1.0$ で $f(x) = 1.0$ となるバルブを用いる。

$$\Delta P_{pump} = \Delta P + H_2 + P_2 + \Delta P_{tube} - (P_1 + H_1)$$

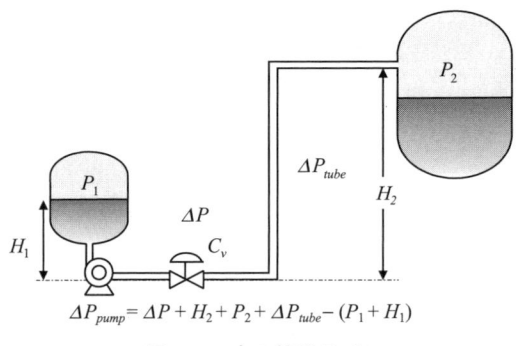

図 **3.5** 水の輸送ライン

---

† 本来なら SI 単位に統一すべきではあるが，バルブの設計などでは，慣習的に kgf/cm^2 などの単位が使われているため，ここでの記述もそれに従うことにする。ちなみに，1 kgf は 1 kg の質量のものが重力により受ける力 (1 kg × 重力加速度) であり，1 kgf/cm^2=98066.5 Pa である。

- ポンプからタンク 2 まで配管内を水が流れるとき生ずる圧損 ΔP_{tube} は，流量 V_L の 2 乗に比例する．
- タンク 1 からポンプまで配管内を水が流れるとき生ずる圧損は無視できる．

開度 $f(x) = 0.5$ のとき，$V_L = 20 \text{ m}^3/\text{h}$ の水が流れるために必要なバルブの入口・出口間の圧力差 ΔP を求めよ．また，ポンプで昇圧すべき圧力の大きさ ΔP_{pump} を求めよ．ただし，$V_L = 20 \text{ m}^3/\text{h}$ の水が流れるときの配管の圧損は $\Delta P_{tube} = 0.5 \text{ kgf/cm}^2$ とする．

【解答】 与えられた条件下での 2 種類のバルブの圧力差を式 (3.1)

$$20 = 1/1.17 \cdot 40 \cdot 0.5 \cdot \sqrt{\frac{\Delta P}{1}} \quad (C_V = 40 \text{ のバルブ})$$
$$20 = 1/1.17 \cdot 20 \cdot 0.5 \cdot \sqrt{\frac{\Delta P}{1}} \quad (C_V = 20 \text{ のバルブ})$$

から計算すると，$\Delta P = 1.4 \text{ kgf/cm}^2$ と 5.5 kgf/cm^2 となる．
ポンプの入口圧は

$$P_1 + \rho H_1 = 2 \text{ kgf/cm}^2 + 1.0^{-3} \text{ kgf/cm}^3 \times 200\text{cm} = 2.2 \text{ kgf/cm}^2$$

となる．ポンプである圧力まで昇圧されたのち，水がバルブや配管を流れながら圧力が低下していく．最終的にタンク 2 に至ったとき，タンク 2 の内圧以下になっていると，タンクに流体は入っていかない．したがって，ポンプ出口での圧力は，ポンプ以降の圧力低下＋タンク内圧以上にしなければならない．すなわち，C_V=40 の場合，その値は

$$\Delta P_{pump} + P_1 + \rho H_1 = \Delta P + \rho H_2 + P_2 + \Delta P_{tube}$$
$$= 1.4 + 1.0^{-3} \times 1000 + 15 + 0.5$$
$$= 17.9$$

同様にして，$C_V = 20$ のバルブを使った場合の圧力差の合計を計算すると，22.0 kgf/cm^2 となる．したがって，ポンプで必要な昇圧 ΔP_{pump} は，$C_V = 40$ と 20 のバルブそれぞれに対して 15.7 と 19.8 kgf/cm^2 となる． ◇

例題 3.5 でみたように，C_V 値の小さいバルブを使うと，バルブの前後での圧力差 ΔP(これをバルブでの圧損という) が大きくなり，C_V 値の大きいバルブを使うと，圧力損失は小さくなる．装置コストは C_V 値の小さいバルブほど安いが，C_V 値の小さいバルブほど圧損が大きくなりポンプの負荷が増え，逆

に，運転コストが高くなる．このようにバルブを選択する際にも運転コストと装置コストのトレードオフを考えねばならない．さらに，制御を学ぼうとする者は，つぎの例題にみられるバルブの操作性をも考えねばならない．

例題 3.6 例題 3.5 の水の輸送プロセスを再び考えよう．バルブが全開となったとき ($f(x) = 1.0$) と 10％開いたとき ($f(x) = 0.1$) にポンプで輸送される水の流量を，C_V=20 と 40 の 2 種類のバルブを使用した場合それぞれに対して計算せよ．ただし，簡単のためにポンプで昇圧する圧力は，流量によらず一定とする．すなわち，$C_V = 40$ のバルブのとき $15.7\,\mathrm{kgf/cm^2}$ $C_V = 20$ のバルブのとき $19.8\ \mathrm{kgf/cm^2}$ で一定とする．

【解答】 バルブが全開のときに流れる流量を V_{Lmax}，10%のときに流れる流量を V_{Lmin} と表す．配管の圧力損失は流量の 2 乗に比例するという仮定と $20\ \mathrm{m^3/h}$ 流れるとき $\Delta P_{tube} = 0.5\ \mathrm{kgf/cm^2}$ であることから，圧力と流量の関係式 ($\Delta P = kV^2$) の比例定数を求めると $0.5/20^2$ となる．したがって，V_{Lmax} のとき $\Delta P_{tube} = 0.5(V_{Lmax}/20)^2$ となる．また，流量が V_{Lmin} のときは $\Delta P_{tube} = 0.5(V_{Lmin}/20)^2$ となる．

さらに，バルブの入口・出口の圧力差 ΔP は，ポンプで昇圧する圧力が一定のときつぎの関係を満足する．

$$\Delta P_{pump}(一定) = \Delta P + \Delta P_{tube} + \rho H_2 + P_2 - (P_1 + \rho H_1)$$

したがって，V_{Lmax}，V_{Lmin} は，次式によって計算できる．

$$V_{Lmax} = 1/1.17 C_V \sqrt{\Delta P_{pump} - 0.5(\tfrac{V_{Lmax}}{20})^2 - 16 + 2.2}$$

$$V_{Lmin} = 1/1.17 C_V 0.1 \sqrt{\Delta P_{pump} - 0.5(\tfrac{V_{Lmin}}{20})^2 - 16 + 2.2}$$

上式に (C_V=40，ΔP_{pump}=15.7) と (C_V=20，ΔP_{pump}=19.8) の組合せを代入して計算するとつぎの結果を得る．

- $C_V = 20$ のバルブ使用のとき
    $V_{Lmax} = 35.8\ \mathrm{m^3/h}$，$V_{Lmin} = 4.2\ \mathrm{m^3/h}$
- $C_V = 40$ のバルブ使用のとき
    $V_{Lmax} = 30.0\ \mathrm{m^3/h}$，$V_{Lmin} = 4.7\ \mathrm{m^3/h}$

MATLAB では

```
fzero('x-1/1.17*20*sqrt(15.7-13.8-0.5*(x/20)^2)',20)
```
などとすれば計算できる (例題の式では $x = V_{max}$, 最後の 20 は, 初期値)。◇

例題 3.6 で計算したように, C_V 値の小さいバルブでは, 開度を変えることで操作できる流量範囲が C_V 値の大きいバルブに比べ広くなる。したがって, 制御性の観点から見ると操作範囲のより広い C_V 値の小さいバルブが好ましいといえる。

〔3〕 バルブの流動特性

前節では, $f(x)$ がバルブの開度 x のどのような関数になっているかについては議論をしなかった。通常使われているバルブの $f(x)$ は, バルブ開度の関数形態からつぎの 2 種類に分類できる (図 3.6)。

- 線形特性 (linear)
$$f(x) = x \tag{3.4}$$
- 等百分率特性 (equal percentage)
$$f(x) = \alpha^{x-1} \quad \text{一般に,} \quad \alpha = 20 \sim 50 \tag{3.5}$$

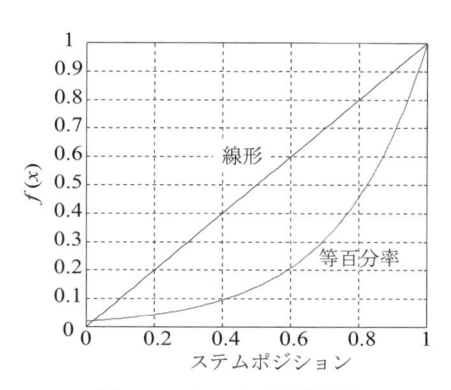

図 3.6 バルブの流動特性

線形特性を持つバルブはバルブ前後の圧力変動が少ないときに使われ, 逆に, 圧力変動が大きいときは, 等百分率特性をもつバルブが使われる。

3.4.2 ポンプ・圧縮機

アクチュエータとしてバルブのほかに使われるものに, ポンプ, 圧縮機や送

風機がある．液体を装置に送り込んだり，液体の製品を取り出すためにポンプが，気体を輸送するために圧縮機や送風機が使われる．

液体の輸送・昇圧に使われるポンプは，その作動原理によりつぎの2種類に分類される (**表 3.2**)[14]．

表 3.2 代表的ポンプとその動作機構 [14]

形式	ポンプの種類	動作原理
ターボ式ポンプ	遠心ポンプ	ケーシング内に液体を満たしてインペラを回転させる．遠心力により，外周部で液体の圧力が高くなり，中心部で低くなる．これより，中心部に液体の吸込み口，外周部に吐出口を設け，連続的に液を送る．
	ディフューザポンプ	遠心ポンプの一種で，インペラの外側にさらにガイド用の羽根を固定し，液体を出口方向に誘導している．
容積式ポンプ	プランジャポンプ	吸引弁と吐出弁を持つシリンダ内部で棒状のピストンを往復させる．ピストンが動いた容積分だけ液体が吸引・吐出される．
	ギアポンプ	歯車とケーシングとの間の容積分の液体が歯車の回転とともに移動して吐出される．

- **ターボ式ポンプ：**
  ターボ式ポンプとは，ポンプ胴体(ケーシングと呼ぶ)内にある羽根車(インペラと呼ぶ)を回転させて流体の速度を増して，送り出すものである．
- **容積式ポンプ：**
  容積式ポンプは，密閉容器内の液体をピストンなどで送り出すものであり，定量性が高い．ただし，容積式のポンプを使うときは，出口側より入口側へ安全弁をもったバイパスラインを設け，ポンプを保護しなければならない．

ポンプの流量制御は，回転数を変更する方式やバイパスラインのバルブを操作する方式で行われる(**図 3.7**)．

気体の輸送や昇圧に使われる圧縮機や送風機にもターボ式と容積式の2種類がある．原理的は，ポンプのターボ式ならびに容積式と同じである．送風機と圧

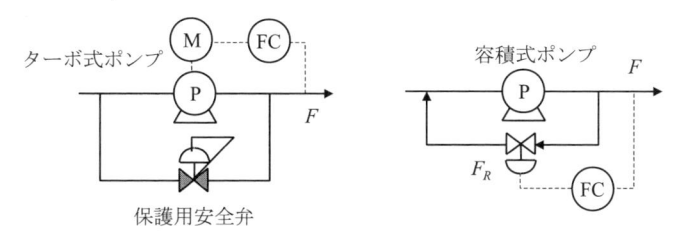

図 3.7　ポンプまわりの制御系

縮機の区分は吐出圧力によってなされ，特に，約 10 kPa 未満の吐出圧力を**ファン**，約 10 kPa 以上，約 100 kPa 未満の吐出圧力のものを**ブロワ**，約 100 kPa 以上のものを**圧縮機**と呼ぶ。

　ターボ式圧縮機において操作上注意しなければならないことは，低い流量で高い圧力の気体を輸送しようとすると，不安定な現象 (サージング) を起こすことである。サージング領域に近づきそうなときは，バイパスラインの弁を開き，出口圧力 (吐出圧力) を下げる操作が行われる (6 章演習問題 3 を参照)。

******** 演習問題 ********

【1】例題 3.5 および例題 3.6 の輸送プロセスで $C_V=40$ のバルブの開度 x を変えたとき流量がどのように変わるか。線形特性をもつバルブと等百分率特性 ($\alpha = 50$) をもつバルブに対してそれぞれ計算し (V_L/V_{Lmax}) 対 x を図示せよ。

【2】例題 3.5 において $f(x) = 0.5$ で $V_L = 20\,\mathrm{m^3/h}$ の水が流れる $C_V=40$ のバルブを使用している。もし，タンク 2 の圧力が $P_2 = 20\,\mathrm{kgf/cm^2}$ に変化すると，ポンプで昇圧すべき圧力はいくらになるか求めよ。

【3】液レベルを差圧 (2 点間の水圧差) で測るセンサがある[38]。差圧を電圧信号に変換する伝送器では，圧力を

　　　　　　　$0.0\,\mathrm{MPa}$　　　→　　$+1.0\,\mathrm{V}$
　　　　　　　$10.0\,\mathrm{MPa}$　　→　　$+5.0\,\mathrm{V}$

に変換している。

　また，コンピュータのインタフェースにある A/D 変換器では，12 ビットの変換器を使って，入力電圧を

　　　　0.0 V → 0　　　　(2 進法で 000000000000)

　　　　5.0 V → 4095　　(2 進法で 111111111111)

に変換している．液体の密度を ρ 〔kg/m^3〕としたとき，A/D 変換器の出力 x から，液レベル y を計算する式を求めよ (ただし，各変換器では，入出力間に線形な関係が成り立つとせよ)．

4 プロセスモデリング

性能のよいコントローラを設計するためには，プロセスの静的・動的な挙動を把握することが重要になる．プロセスの動的挙動を定量的に数式を使って表現しようとすることを，本書ではプロセスモデリングと呼ぶ．この章では，プロセスモデリング手法の中でも物理・化学的原理や現象論から，数式モデルを導く**物理モデリング**と呼ばれる手法を中心に制御系設計のためのモデリングについて学ぶ．

4.1 物理モデリング

プロセスの挙動を定量的に表現しようとすることを**モデリング**といい，その表現形態をモデルと呼ぶ．通常，制御で使われるモデルを大別するとつぎの2種類に分けられよう．

- **物理モデル** (現象論的モデル)(first principles model)：対象とするプロセスの中で起きている現象を，熱力学の法則をはじめとして質量・熱・運動量に関して成り立つ法則に基づいて，表現するモデルである．
- **ブラックボックスモデル** (black box model)：プロセスから得られる制御変数，操作変数，外乱の測定値を使って，それらの変数間の動的相関関係を表現するモデルである．変数間に成り立つ現象論的因果関係はまったくわからない状態であり，暗闇の中にある状態としてモデルを構築しているためブラックボックスモデルと呼ばれる．

機械系で力のバランス則や電気系でキルヒホッフ則に基づいて対象を数式表現するのと同じように，プロセスの物理モデルは，質量・エネルギー・運動量に関する**保存則** (conservation principle) や，流れや反応や熱力学に関する**構成方程式** (constitutive equation) に基づいて作られる。

保存則とは「系内で質量・エネルギー・運動量が蓄積する量は，系内に入るそれらの量と系から出て行く量との差で決まる」という法則である。すなわち，系に入ったものは，必ず系から出るか，さもなければ系内にたまっていく，という至極当然な法則である。

また，構成方程式とは，保存則の中の物質やエネルギーの流入速度や流出速度ならびに生成速度や消失速度などがどのような原理によって定まるか記述するものである。例えば，反応速度定数が $k = k_o \exp(-E/RT)$ と温度の指数関数になっているというアレニュウス則に従うことや，理想気体則 $(PV = nRT)$ にみられるような気体の状態則や化学反応速度論のようなものが挙げられる。**表 4.1** に本書の例題において使った構成方程式をまとめておく。

表 4.1　構成方程式と例題

構成式	数　式	例題番号
理想気体則	$PV = nRT$	4.5
気液平衡	$y_i = \dfrac{ax_i}{1+(a-1)x_i}$	2.3, 4.10
反応速度式	$r = kC_A^n$	4.3, 4.6
伝熱速度式	$Q = UA(T - T_w)$	6 章演習 7
ベルヌーイ則	$v = a\sqrt{h}$	1.2, 2.13, 4.11

保存則を**図 4.1** に示すような系で考えてみよう。系には，$A_1, A_2, ..., A_n$ の n 成分の物質が入り，反応や加熱などのなんらかの処理を受けて系から出ていくとしよう†。N 本の配管 (流れ) で，それぞれ異なる種類の原材料がプロセスに流入し，処理されて，M 本の配管 (ライン) で，さまざまな製品がプロセスから流出されているとする。

---

† 図 **1.2** の流入・流出する流れを原料の種類，製品の種類ごとに区別して少し詳しく描いただけの図である。

4.1 物理モデリング　73

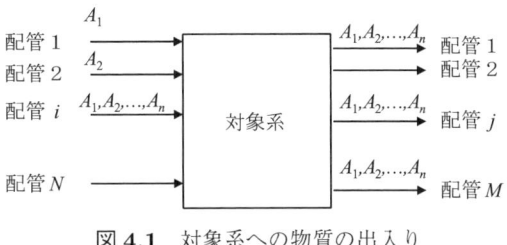

図 4.1　対象系への物質の出入り

4.1.1　物質収支

この系では，物質量の出入りに関して次式が成り立つ[†]。

〈全物質量の収支〉

$$\begin{pmatrix} 系内での \\ 全物質の \\ 蓄積量の \\ 時間変化 \end{pmatrix} = \begin{pmatrix} 単位時間に \\ 系へ流入し \\ た全物質量 \end{pmatrix} - \begin{pmatrix} 単位時間に \\ 系から流出 \\ した全物質量 \end{pmatrix} \quad (4.1)$$

物質収支を成分ごとに考えた場合，系内で反応により注目成分がほかの成分に変化したり，ほかの成分が注目成分に反応で変化したりするため，次式のように生成と消失を考慮した項を新たに考えなければならない。

〈成分ごとの収支[††]　(A_j 成分に関して)〉

$$\begin{pmatrix} 系内での \\ A_j 成分 \\ の蓄積量の \\ 時間変化 \end{pmatrix} = \begin{pmatrix} 単位時間に \\ 系へ流入 \\ した A_j \\ 成分の量 \end{pmatrix} - \begin{pmatrix} 単位時間に \\ 系から流出 \\ した A_j \\ 成分の量 \end{pmatrix} \\ + \begin{pmatrix} 単位時間に \\ 系内で生成 \\ した A_j \\ 成分の量 \end{pmatrix} - \begin{pmatrix} 単位時間に \\ 系内で消失 \\ した A_j \\ 成分の量 \end{pmatrix} \quad (4.2)$$

[†]　核融合・分裂反応が含まれないあらゆるプロセスに対して成り立つ。
[††]　全物質量収支は，質量単位（〔kg/s〕など）で成り立つものであり，モル単位（〔mol/s〕など）では成り立たないことがある。しかし，成分ごとの収支は，質量単位（〔kg/s〕でもモル単位でも成り立つ。したがって，反応を含むプロセスでは，反応式がモル量で表現されることから，モル単位で成分ごとの収支をとる方が計算しやすい。

例題 4.1 オレンジジュースの製造プロセス (例題 1.1) の希釈水と濃縮果汁の混合タンクを再び取り上げる。タンクへは濃縮果汁が流入速度 v_2 [m^3/s] で，希釈水が流入速度 v_1 [m^3/s] で，それぞれ流入し，ジュースを流出速度 v_o [m^3/s] で抜き出している。タンクの断面積が A [m^2]，液レベルを h [m] とし，全物質の収支式を導け。ただし，液体密度はすべて等しく ρ [kg/m^3] とし，タンクの中は完全混合状態 (タンク内の濃度は均一状態) にあるとする。

【解答】 完全混合状態であることから，タンク内の液の密度は，流出ジュースと同じ ρ である。両辺の単位に注意して式 (4.1) から次式が導かれる。

$$\frac{d\rho Ah}{dt} = \rho v_1 + \rho v_2 - \rho v_o$$

◇

例題 4.2 例題 4.1 のタンクにおいて，流入する濃縮オレンジの濃度が重量分率で C_{Ji} [−]，取り出すジュース中のオレンジの濃度は重量分率で C_{Jo} [−] の濃度であったとする。オレンジに関する物質収支式を導け。ただし，密度，断面積，流量については上述した例題の記号を使え。

【解答】 完全混合状態であることから，タンク内のオレンジ濃度は C_{Jo} である。また，希釈水にはオレンジは含まれないことに注意して式 (4.2) から次式が導ける。

$$\frac{dC_{Jo}\rho Ah}{dt} = C_{Ji}\rho v_2 - C_{Jo}\rho v_o$$

◇

例題 4.3 図 4.2 に示すような原料 A から製品 C を生産する連続槽型反応器 (完全混合槽) を考えよう。反応器内では次式で示されるような一次不可逆反応が起こっている。

4.1 物理モデリング   75

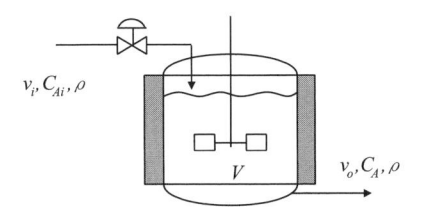

図 4.2　一次反応連続槽型反応器

$$A \to C, \quad -r_A = kC_A^\dagger$$

反応器内の反応物質の総体積を V 〔m^3〕, 原料の体積流量 (流入速度) を v_i 〔m^3/s〕, 原料中の成分 A の濃度を C_{Ai} 〔mol/m^3〕, 製品の体積流量 (流出速度) を v_o 〔m^3/s〕, 反応器内の成分 A の濃度を C_A 〔mol/m^3〕として, 全物質収支と成分 A に関する物質収支式を導け。ただし, 原料, 反応器内溶液および製品の密度はすべて一定 ρ であるとする。

【解答】　全物質収支は

$$\rho \frac{dV}{dt} = \rho v_i - \rho v_o$$

完全混合槽であるから, 製品中の成分 A の濃度は C_A である。したがって, 成分 A の物質収支式はつぎのようになる。

$$\frac{dC_A V}{dt} = C_{Ai} v_i - C_A v_o - kC_A V \qquad \diamond$$

4.1.2　エネルギー収支

図 4.3 に示すような系でのエネルギーの出入り (収支) を考えよう。エネルギーには, 分子構造と温度によって決まる**内部エネルギー** U, 物体が位置する高さによる**位置のエネルギー** Φ, 運動する物体がもつ**運動エネルギー** K, **熱エ**

---

† 反応速度とは, 単位時間当りに反応混合物の単位体積当りで反応により生成・消費される基準物質の量のことをいう。その速度は通常基準物質の濃度の関数となり, 濃度の何乗に比例するかによって反応次数が決まる。この例題の場合, 基準物質は A 成分であり, その反応速度が A 成分の濃度の 1 乗に比例することから一次反応という。また, C → A への逆反応が同時に起こらないため, この反応を不可逆反応と呼ぶ。

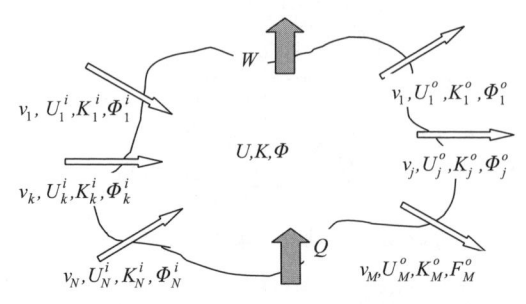

図 4.3 対象系と外界との物質・エネルギー・仕事のやり取り

ネルギーおよび仕事などがある。熱力学の第一法則は，これらの全エネルギーについてつぎの保存則が成立することを述べている[21]。

$$\begin{pmatrix} 系内での \\ 全エネルギー \\ (U+K+\Phi) \\ の蓄積量 \\ の時間変化 \end{pmatrix} = \begin{pmatrix} 単位時間に流 \\ 入物質に伴っ \\ て系に入る内 \\ 部，運動，位置 \\ エネルギー \end{pmatrix} - \begin{pmatrix} 単位時間に流出 \\ 物質に伴って系 \\ から出る内部， \\ 運動，位置エネ \\ ルギー \end{pmatrix}$$

$$+ \begin{pmatrix} 単位時間に \\ 外界から系に \\ 加えられた \\ 熱量 Q \end{pmatrix} - \begin{pmatrix} 単位時間に \\ 系が外界に対 \\ してなした \\ 機械的仕事 W \end{pmatrix} \quad (4.3)$$

上式を数式で表現すると次式のようになる。

$$\begin{aligned} \frac{dE}{dt} &= \frac{d(U+K+\Phi)}{dt} \\ &= \sum_{k=1}^{N} \rho_k^i v_k^i (\overline{U}_k^i + \overline{K}_k^i + \overline{\Phi}_k^i) - \sum_{j=1}^{M} \rho_j^o v_j^o (\overline{U}_j^o + \overline{K}_j^o + \overline{\Phi}_j^o) \\ &\quad + Q - W \end{aligned} \quad (4.4)$$

ここで，E は全エネルギー，ρ は密度 $[kg/m^3]$，v は体積流量 $[m^3/s]$，Q と W は単位時間当りのエネルギー $[J/s]$ を意味している。上付きの i は流入に伴うものであること，o は流出に伴うエネルギーであることを示している。また，

流れごとにエネルギーを計算できるように,単位物質量当りの内部エネルギー $\overline{U}$,運動エネルギー $\overline{K}$,位置エネルギー $\overline{\Phi}$(単位は〔J/kg〕あるいは〔J/mol〕)を使って表現している。

機械的仕事 W は,次式で表されるように軸仕事 W_s(タービンやポンプなどの機械により系が外界にする仕事)と膨張・圧縮など流れに伴う仕事 W_f の二つに分けられる。

$$W = W_s + W_f = W_s - \left(\sum_{k=1}^{N} P_k^i v_k^i - \sum_{j=1}^{M} P_j^o v_j^o \right) \tag{4.5}$$

ここで,P_k^i, v_k^i は,流入流れ k の圧力と体積流量を,P_j^o, v_j^o は,流出流れ j の圧力と体積流量を意味している。圧力×体積流量の単位は〔N/m^2〕×〔m^3/s〕=〔J/s〕となっていることから,この項は単位時間当りの仕事になっていることに気付いてほしい。

この W の項を,式(4.4)に代入し体積流量の項で整理すると次式を得る。

$$\begin{aligned}\frac{dE}{dt} &= \sum_{k=1}^{N} \rho_k^i v_k^i (\overline{U}_k^i + \overline{K}_k^i + \overline{\Phi}_k^i + \frac{P_k^i}{\rho_k^i}) \\ &\quad - \sum_{j=1}^{M} \rho_j^o v_j^o (\overline{U}_j^o + \overline{K}_j^o + \overline{\Phi}_j^o + \frac{P_j^o}{\rho_j^o}) + Q - W_s\end{aligned} \tag{4.6}$$

プロセスを対象としてエネルギーの出入りを考えた場合,一般に装置が走ったり歩いたりすることもなく,位置も変わらないので,装置内に蓄積されるエネルギーのうち運動および位置エネルギーについては時間的に変化しないと考える。すなわち,$(dK/dt) = (d\Phi/dt) = 0$ と考えられる。また,装置への流入と流出が行われる位置の高さには際立った差がなく,その流入・出の速度にも大きな差がないとみなせれば,内部エネルギーに比べて位置エネルギーおよび運動エネルギーを無視できる。すなわち,$\overline{K}_k^i = \overline{K}_j^o = \overline{\Phi}_k^i = \overline{\Phi}_j^o = 0$ とできる。したがって,プロセスのエネルギー収支としては,次式が一般に使われる。

$$\frac{dU}{dt} = \sum_{k=1}^{N} \rho_k^i v_k^i \overline{H}_k^i - \sum_{j=1}^{M} \rho_j^o v_j^o \overline{H}_j^o + Q - W_s \tag{4.7}$$

式 (4.7) は，$1/\rho$ が単位物質量当りの体積 (比容積 $\overline{V}$) であること，および単位物質量当りのエンタルピーが $\overline{H_i} = \overline{U_i} + P\overline{V_i}$ で定義されることを使って導かれている。

〔1〕 相変化のない系

反応も相変化も起こらない場合，上述のエネルギー収支式は**顕熱量**の収支式となる[†]。

顕熱を計算するには，比熱と呼ばれる物質固有のパラメータ (物性) が必要となる。単位量の物質を 1℃ (1K) 上昇させるために必要な熱量が比熱である。その比熱にも 2 種類あり，一定圧力のもとで物質を 1℃ 上昇させるに必要な熱が定圧比熱，一定体積下でのものが定容比熱である。両者が異なるのは気体を対象としたときであり，液体および固体では両比熱は同値と取り扱ってよい。

定圧下でかつ相変化がない場合の温度 T の物体のエンタルピーは，定圧比熱を使い，つぎのように計算される。

$$\overline{H} = \int_{T_{ref}}^{T} c_p dT \tag{4.8}$$

ここで，T_{ref} は基準温度 (何度でもよい)，c_p は質量基準とした定圧比熱〔J/(kgK)〕である。

定圧比熱は温度の関数として一般に次式のように表される。

$$c_p = a + bT + cT^2 \tag{4.9}$$

a, b, c のパラメータは，物質固有に決まるパラメータである。

液の場合，比熱の温度依存性は少ないため操作温度範囲での平均値 $\overline{c_p}$ を用いてエンタルピー変化を計算することが多い。すなわち，式 (4.8) は，次式のように簡単化できる。

$$\overline{H} = \overline{c_p}(T - T_{ref}) \tag{4.10}$$

[†] 液体から気体，固体から液体に変わるような相の変化がなく物質の温度変化にのみ関係する熱エネルギーを顕熱といい，相変化に伴って，吸収されたり放出されたりする熱エネルギーを潜熱と呼ぶ。

例題 4.4 図 4.4 に示すような槽型の温水器がある。温度 T_i の水を v_w^i 〔m^3/s〕で流入し，熱量 Q 〔J/s〕のヒータで加熱し温度 T にして，v_w^o 〔m^3/s〕の体積流量で温水を抜き出す。槽内の貯留量を V 〔m^3〕，水の比熱を $\overline{c_p}$ 〔J/(kg K)〕，水の密度を ρ 〔kg/m^3〕として物質収支ならびにエネルギー収支を導け。ただし，槽内は完全混合状態にあり，密度と比熱は温度によって変化しないとする。

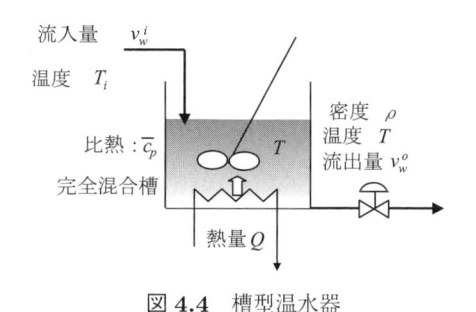

図 4.4 槽型温水器

【解答】 物質収支は式 (4.1) からつぎのように求まる。

$$\rho \frac{dV}{dt} = \rho v_w^i - \rho v_w^o$$

定圧で操作されていることから，流入と流出物質に伴うエンタルピーは式 (4.10) で求められる。また，軸仕事はないため，エネルギー収支式は次式となる。

$$\frac{dU}{dt} = \rho v_w^i \overline{c_p}(T_i - T_{ref}) - \rho v_w^o \overline{c_p}(T - T_{ref}) + Q$$

単位物質量当りの内部エネルギーとエンタルピーの関係 ($\overline{H} = \overline{U} + P\overline{V}$ の関係) から，内部エネルギーの微分項は

$$\frac{d\overline{U}}{dt} = \frac{d(\overline{H} - P\overline{V})}{dt} = \frac{d\overline{H}}{dt} - \overline{V}\frac{dP}{dt} - P\frac{d\overline{V}}{dt}$$

となる。

液相系では，比容積 $\overline{V}$ の変化が小さく，体積も圧力も平均的に見て一定とみなせることから，$(d\overline{V}/dt)$ ならびに (dP/dt) はゼロとみなせる。すなわち，液相では，$(d\overline{U}/dt) = (d\overline{H}/dt)$ が成り立つと考えてよい。さらに装置内に蓄積されるエンタルピーは，$H = \rho V \overline{H} = \rho \overline{c_p} V(T - T_{ref})$ と表せることから，最終的にエ

ネルギー収支式は，つぎのようなエンタルピー収支式となる。

$$\frac{d\rho\overline{c_p}VT}{dt} = \rho v_w^i \overline{c_p}(T_i - T_{ref}) - \rho v_w^o \overline{c_p}(T - T_{ref}) + Q$$

◇

〔2〕 相変化のある系

固体から液体，液体から気体へと相が変化するとき，必ずエンタルピーの変化が伴う。固体から液体へのエンタルピー変化は溶解熱，液体から気体へのエンタルピー変化は蒸発潜熱と呼ばれる。潜熱は相変化が起こる温度によって異なる。単位質量当りの潜熱を ΔL 〔J/kg〕とすると，温度 T_L で相変化をした温度 T の物体のエンタルピーは次式のように表される。

$$\overline{H} = \int_{T_{ref}}^{T_L} c_{pl} dT + \Delta L(T_L) + \int_{T_L}^{T} c_{pv} dT \tag{4.11}$$

ここで，c_{pl}, c_{pv} は，それぞれ液体と気体の比熱である。

例題 4.5 [17] 図 4.5 に示すような槽型のボイラ (蒸気発生器) がある。密度 ρ_w 温度 T_i の水を v_w で流入し，熱量 Q の火力で加熱し水を蒸気にして，v_s の流量で取り出す。槽内の液貯留量を V_w，水の比熱を $\overline{c_{pl}}$，水の蒸発潜熱を ΔL，蒸気のホールドアップを V_s，蒸気の密度を ρ_s，定圧比熱を $\overline{c_{pv}}$，圧力を P_v として，このプロセスの物質収支ならびにエネルギー収支

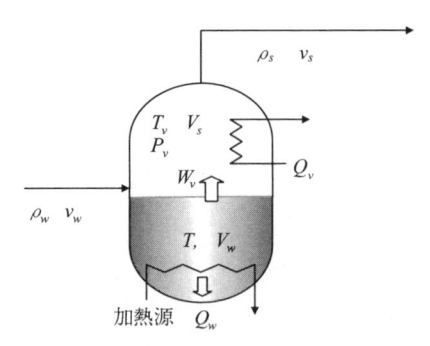

図 4.5 ボイラのエネルギー収支

を導け。ただし，水の密度および比熱は温度によらず一定として扱えるとし，水の飽和蒸気圧 P は温度 T の関数として $P = e^{\frac{A}{T}+B}$ で決まるとする。また，蒸気は理想気体則に従うとする。

【解答】 液相から気相への蒸発量を W_v〔kg/s〕，それに伴うエンタルピー変化を H_w として，液相と気相とに分けて物質収支・エネルギー収支をとる。

- 〈液相部〉
  W_v が液相から気相に蒸発すると考えることにより，液相部での物質収支は
  $$\rho_w \frac{dV_w}{dt} = \rho_w v_w - W_v$$
  となる。

  気相へ液相から流れるエンタルピー量は式 (4.11) から，液相の温度を T として潜熱を考えると次式で与えられる。
  $$W_v \overline{H_w} = \overline{c_{pl}} W_v (T - T_{ref}) + W_v \Delta L(T)$$
  となる。

  また，液相では $(d\overline{U}/dt) = (d\overline{H}/dt)$ が成り立つこと，密度および比熱が温度・組成によらず一定であることを考慮すると，次式のエンタルピー収支式が成り立つ。
  $$\rho_w \overline{c_{pl}} \frac{dV_w T}{dt} = \rho_w v_w \overline{c_{pl}} (T_i - T_{ref}) - W_v \overline{H_w} + Q_w$$

- 〈気相部〉
  気相の物質収支式は密度が液相と異なることに注意してつぎのように求まる。
  $$\frac{d\rho_s V_s}{dt} = W_v - \rho_s v_s$$
  ボイラの容積が V であるとき，気相と液相の容積の間には，つぎの関係が成り立つ。
  $$V_s + V_w = V$$
  気相から装置外に流出する蒸気に伴うエンタルピー量は，気相の温度を T_v とするとつぎのように表される。
  $$\rho_s v_s \overline{H_v} = \rho_s v_s [\overline{c_{pv}}(T - T_{ref}) + \Delta L(T) + \int_T^{T_v} \overline{c_{pv}} dT]$$
  したがって，気相部のエネルギー収支は，気相の内部エネルギーを U_v と表すと
  $$\frac{dU_v}{dt} = W_v \overline{H_w} - \rho_s v_s \overline{H_v} + Q_v$$

と導ける。ここで Q_v は気相へ外部から加えられる熱量である。

気相での蒸気密度 ρ_s は，蒸気圧を P_v，温度を T_v とすると，理想気体則 ($P_v V_s = nRT_v$) から

$$\rho_s = \frac{MP_v}{RT_v}$$

と求まる (M は蒸気の分子量，R はガス定数である)。

現実には複雑な要因が絡むため，蒸発量 W_v がなにによって決まるかを厳密に定式化することは難しい。通常は，蒸発量が飽和蒸気圧と蒸気圧の差に比例すると考え，その比例定数を実験データに合うように決めるという方法で，蒸発量が表現される[17]。

$$W_v = K(P - P_v)$$

一方，飽和蒸気圧 P は液相温度の関数 $P = e^{A/T+B}$ として定まる。また，$Q_v = 0$ でかつ液相温度と気相温度が等しいとき ($T = T_v$)，気相部で定常状態 ($dU_v/dt = 0$) が仮定でき，最終的に全エネルギー収支は

$$\rho_w \overline{c_{pl}} \frac{dV_w T}{dt} = \rho_w v_w \overline{c_{pl}} (T_i - T_{ref}) - W_v [\overline{c_{pv}}(T - T_{ref}) + \Delta L(T)] + Q_w$$

となる。 ◇

〔3〕 反応を伴う系

反応が起こっている系のエンタルピーの計算では，反応熱と顕熱を同時に考えなければない。反応熱 ΔH_R は，反応前と反応後の状態でのエンタルピーの差として求められる。反応が起こる系は多成分系である。エンタルピー (H あるいは $\overline{H}$) は先に述べたように温度の関数であるとともに組成の関数でもある。A → B の反応が起こる系のエンタルピーは装置内に蓄積する物質量と組成 (n_A, n_B) と温度 T の関数として，つぎのように定義される。

$$H(T, n_A, n_B) = \rho V \overline{c_p}(T - T_{ref}) + \frac{\partial H}{\partial n_A} n_A + \frac{\partial H}{\partial n_B} n_B \qquad (4.12)$$

ここで，n_A, n_B はそれぞれ A 成分，B 成分のモル量。($\partial H/\partial n_k$) は，成分 k を 1 mol 生成するために必要なエンタルピー変化であり，生成熱〔J/mol〕と呼ばれる。特に，温度が $T = 298.4$ ℃，圧力が 0.1013 MPa での生成熱を標準生成熱という。

反応によって，A 成分が n [mol] 減って B 成分が n [mol] 増えた場合，エンタルピーは，反応の前後で，$(\partial H/\partial n_A)(-n)+(\partial H/\partial n_B)n$ 変化する。$n=1\,\mathrm{mol}$ のときのエンタルピーの変化量が A が 1 mol 反応したときの反応熱 $\Delta\overline{H_R}$ となる。

もう少し複雑なつぎのような反応の系でも，反応に伴うエンタルピー変化は上述と同様な考え方で求められる。

$$A + \frac{b}{a}B \rightarrow \frac{c}{a}C + \frac{d}{a}D \tag{4.13}$$

この反応式は，1 mol の A が b/a mol の B と完全に反応し，c/a mol の C と d/a mol の D が生成することを意味している。$1, b/a, c/a, d/a$ は量論係数と呼ばれる。

この反応の場合，反応熱 $\Delta\overline{H_R}$ は，つぎのようになる。

$$\Delta\overline{H}_R = \frac{\partial H}{\partial n_A}(-1) + \frac{\partial H}{\partial n_B}\left(-\frac{b}{a}\right) + \frac{\partial H}{\partial n_c}\left(\frac{c}{a}\right) + \frac{\partial H}{\partial n_d}\left(\frac{d}{a}\right) \tag{4.14}$$

上述のように反応熱は，反応に使われた反応基質 (反応式で量論係数が 1 の成分。上式の場合 A) の 1 mol 当りのエンタルピー変化〔J/(mols)〕として定義される。

反応後の物質のエンタルピーから反応前の物質のエンタルピーを差し引いて，反応のエンタルピー変化が定義される。したがって，発熱反応の場合，$\Delta\overline{H}_R$ は負，吸熱反応の場合 $\Delta\overline{H}_R$ は正となる。

例題 4.6 例題 4.3 の A → C の液相一次反応が起こっている槽型反応器 (図 4.2) がある。一次反応であることから，単位時間・単位体積当りで反応に消費される成分 A は

$$-r_A = kC_A \;[\mathrm{mol/m^3 s}]$$

で与えられる。反応熱が ΔH_R〔J/mol〕であったとき，流入物質の温度を T_i，反応器内の温度を T，反応器に外部から与える熱量を Q_c とし，このプロセスのエネルギー収支式を導け。ただし，反応の前後で溶液の密度 ρ

ならびに比熱 $\overline{c_p}$ の変化は無視できるとする。

【解答】 定圧で液相反応であることから $d\overline{U}/dt = d\overline{H}/dt$ が成り立つ。そのため，エネルギー収支としてエンタルピー収支をとればよい。反応器から流出する物質に伴うエンタルピーを $\overline{H}_o$，反応器に流入する物質に伴うエンタルピーを $\overline{H}_i$ とすると全体のエンタルピー収支式は，式 (4.7) から次式となる。

$$\frac{dH}{dt} = \rho v_i \overline{H}_i - \rho_o v_o \overline{H}_o + Q_c$$

式 (4.12) 中で，時間的に変化するものは，体積，組成，温度であるため，エンタルピーの時間微分項は，つぎのようになる。

$$\frac{dH}{dt} = \rho \overline{c_p} \frac{dV(T-T_{ref})}{dt} + \frac{\partial H}{\partial n_A}\frac{dn_A}{dt} + \frac{\partial H}{\partial n_c}\frac{dn_c}{dt}$$

上式につぎの物質収支式

$$\frac{dn_A}{dt} = \frac{dC_A V}{dt} = C_{Ai}v_i - C_A v_o - kC_A V$$
$$\frac{dn_c}{dt} = \frac{dC_c V}{dt} = C_{ci}v_i - C_c v_o + kC_A V$$

を代入し整理すると

$$\frac{dH}{dt} = \rho \overline{c_p}\frac{dVT}{dt} + \frac{\partial H}{\partial n_A}(C_{Ai}v_i - C_A v_o - kC_A V)$$
$$+ \frac{\partial H}{\partial n_c}(C_{ci}v_i - C_c v_o + kC_A V)$$

となる。一方，流入と流出のエンタルピーに関して

$$\rho v_i \overline{H}_i = \frac{\partial H}{\partial n_A}C_{Ai}v_i + \frac{\partial H}{\partial n_c}C_{ci}v_i + \overline{c_p}\rho v_i(T_i - T_{ref}) \quad (流入)$$
$$\rho v_o \overline{H}_o = \frac{\partial \overline{H}}{\partial n_A}C_A v_o + \frac{\partial \overline{H}}{\partial n_c}C_c v_o + \overline{c_p}\rho v_o(T - T_{ref}) \quad (流出)$$

が成り立つ。

これらの式を最初のエネルギー収支式に代入して整理すると，最終的に次式を得る。

$$\rho \overline{c_p}\frac{dVT}{dt} = \overline{c_p}\rho v_i(T_i - T_{ref}) - \overline{c_p}\rho v_o(T - T_{ref}) + kC_A V\left(\frac{\partial H}{\partial n_A} - \frac{\partial H}{\partial n_c}\right) + Q_c$$
$$= \overline{c_p}\rho v_i(T_i - T_{ref}) - \overline{c_p}\rho v_o(T - T_{ref}) + kC_A V(-\Delta \overline{H}_R) + Q_c$$

◇

例題 4.6 では，かなり複雑な計算をして，反応を伴う定圧・液相反応系 ($d\overline{U}/dt = d\overline{H}/dt$ が成り立つ系) のエネルギー収支を導いた。しかし，最終的な結果を見ると，エネルギー収支として定圧・液相系では，つぎのような**エンタルピー収支**をとればよいことがわかる[†]。

$$\begin{pmatrix} 系内の蓄積量 \\ の顕熱エンタ \\ ルピーの時間 \\ 変化 \end{pmatrix} = \begin{pmatrix} 単位時間に系に \\ 流入する物質に \\ 伴って系に流入 \\ するエンタルピー \end{pmatrix} - \begin{pmatrix} 単位時間に系から \\ 流出する物質に伴 \\ って系から流出する \\ エンタルピー \end{pmatrix}$$

$$+ \begin{pmatrix} 反応により発熱 \\ 吸熱される熱量 \\ = 反応量 \times 反応熱 \end{pmatrix} + \begin{pmatrix} 単位時間に \\ 外界から \\ 系に加えら \\ れた熱量 \end{pmatrix}$$

$$- \begin{pmatrix} 単位時間に \\ 系が外界に対 \\ してなした \\ 機械的仕事 \end{pmatrix} \tag{4.15}$$

〔4〕 混合を伴う系

成分の異なる溶液を混合した場合，組成は混合前と後とで異なる。先に学んだようにエンタルピーは組成と温度の関数であるため，混合を伴う系でも当然エンタルピーは混合前と後で変化する。このエンタルピー変化量は**溶解熱** (希釈熱) と呼ばれる。

n_A〔mol〕の A 成分の溶液に B 成分の液を n_B〔mol〕混合したとする。このとき A 成分の 1 mol 当りのエンタルピーを $\overline{H}_A$，B 成分の 1 mol 当りのエンタルピーを $\overline{H}_B$，混合液 (A 成分 n_A〔mol〕，B 成分 n_B〔mol〕のエンタルピーを $H(n_A, n_B)$ とすると，溶解熱 $\Delta H_f(n_A, n_B)$ は

$$\Delta H_f(n_A, n_B) \equiv n_A \overline{H}_A + n_B \overline{H}_B - H(n_A, n_B) \tag{4.16}$$

と定義される。

[†] エネルギー保存則の式 (4.3) には，もともと反応により熱が生成する項は明確に示されていない。一方で，ほかのプロセス制御や化学工学の本では，式 (4.15) が熱収支として最初から紹介されている。ここでは両者を繋ぎたかった。

これを発展させて，A 成分と B 成分がそれぞれ n_A と n_B [mol] 入っている混合液に，さらに B 成分を Δn_B 加えた場合を考えると，溶解熱はつぎのように与えられる．

$$\Delta H_f(n_A, n_B) = H(n_A, n_B) + \Delta n_B \overline{H}_B - H(n_A, n_B + \Delta n_B) \quad (4.17)$$

両辺を Δn_B [mol] で割り，$\Delta n_B \to 0$ とすると

$$\frac{\partial \Delta H_f}{\partial n_B} = \overline{H}_B - \frac{\partial H(n_A, n_B)}{\partial n_B} \quad (4.18)$$

となる．

この $(\partial \Delta H_f / \partial n_B)$ は，B 成分の 1 mol 当りの溶解熱，微分希釈熱と呼ばれる．これを，以下，$\Delta \overline{H}_{fB}$ と表すことにしよう．上式からわかるように $\Delta \overline{H}_{fB}$ は，A 成分の量，n_A，の関数となるが，経験から n_A が十分大きいと，n_A によらず定数となることがわかっている．その場合，式 (4.16) の $\Delta H_f(n_A, n_B)$ は，$\Delta H_f(n_A, n_B) = n_B \Delta \overline{H}_{fB}$ となる．

例題 4.7 図 4.6 のような A 成分が C_{A1} [mol/m^3]，温度が T_1 [K] の流れと，B 成分組成が C_{B2} [mol/m^3]，温度が T_2 [K] の流れを混合して，冷却水で熱量 Q を奪いながら，組成 C_{A3}, C_{B3}，温度が T_3 [K] の流れとして取り出す，液体積が V の混合タンクがある．

それぞれの流れの体積流量を v_1, v_2, v_3 [m^3/s]，比熱を $\overline{c}_{P1}, \overline{c}_{P2}, \overline{c}_{P3}$ [J/(K kg)] とする．また，B 成分 n_B [mol] が A 成分に温度 T_o で溶解したとき発生する溶解熱は，B 成分の微分希釈熱 $\Delta \overline{H}_{fB}(T_o)$ [J/mol] を

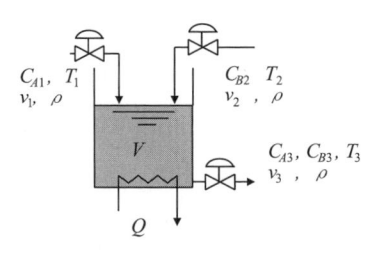

図 4.6 混合タンクの収支

使って $\Delta H_f = n_B \Delta \overline{H}_{fB}$ と表せるとする．このときの混合タンクの物質収支，エネルギー収支を導け．ただしタンク内は完全混合とみなせ，各流体で密度の変化はなく一定の $\rho \,[\mathrm{kg/m^3}]$ とする．

【解答】 物質収支はつぎのようになる．

$$\frac{d\rho V}{dt} = \rho v_1 + \rho v_2 - \rho v_3$$

成分収支は

$$\frac{dC_{A3}V}{dt} = C_{A1}v_1 - C_{A3}v_3$$
$$\frac{dC_{B3}V}{dt} = C_{B2}v_2 - C_{B3}v_3$$

となる．

この系も液相・定圧であるため，エネルギー収支式として，エンタルピー収支を導けばよい．$T_o = T_{ref}$ としてエンタルピー収支をとるとつぎのようになる．

$$\frac{dH}{dt} = H_1 + H_2 - H_3 - Q$$

流れに伴い流入流出するエンタルピーおよびタンク内の混合液のエンタルピーは，それぞれつぎのように与えられる．

$$H_1 = \rho v_1 c_{p1}(T_1 - T_o) + v_1 C_{A1}\overline{H}_A$$
$$H_2 = \rho v_2 c_{p2}(T_2 - T_o) + v_2 C_{B2}\overline{H}_B$$
$$H_3 = \rho v_3 c_{p3}(T_3 - T_o) + H(v_3 C_{A3}, v_3 C_{B3})$$
$$H = \rho V c_{p3}(T_3 - T_o) + H(V C_{A3}, V C_{B3})$$

ここで，溶解熱の定義より

$$H(v_3 C_{A3}, v_3 C_{B3}) = v_3 C_{A3}\overline{H}_A + v_3 C_{B3}\overline{H}_B - v_3 C_{B3}\Delta \overline{H}_{fB}$$
$$H(V C_{A3}, V C_{B3}) = V C_{A3}\overline{H}_A + V C_{B3}\overline{H}_B - V C_{B3}\Delta \overline{H}_{fB}$$

これらの式をエンタルピー収支式に代入する．

$$\frac{d\rho V c_{p3}(T_3 - T_o)}{dt} + \overline{H}_A \frac{dVC_{A3}}{dt} + \overline{H}_B \frac{dVC_{B3}}{dt} - \Delta \overline{H}_{fB}\frac{dVC_{B3}}{dt}$$
$$= \rho v_1 c_{p1}(T_1 - T_o) + v_1 C_{A1}\overline{H}_A + \rho v_2 c_{p2}(T_2 - T_o) + v_2 C_{B2}\overline{H}_B$$
$$- \rho v_3 c_{p3}(T_3 - T_o) - H(v_3 C_{A3}, v_3 C_{A3}) - Q$$

A 成分と B 成分の物質収支式を使って整理すると

$$\frac{d\rho V c_{p3}(T_3 - T_o)}{dt} - \Delta \overline{H}_{fB}\frac{dVC_{B3}}{dt}$$
$$= \rho v_1 c_{p1}(T_1 - T_o) + \rho v_2 c_{p2}(T_2 - T_o) - \rho v_3 c_{p3}(T_3 - T_o)$$
$$+ v_3 C_{B3}\Delta \overline{H}_{fB} - Q$$

これをさらに B 成分の成分収支式を使って整理すると

$$\rho\frac{dVc_{p3}(T_3 - T_o)}{dt} = \rho v_1 c_{p1}(T_1 - T_o) + \rho v_2 c_{p2}(T_2 - T_o)$$
$$- \rho v_3 c_{p3}(T_3 - T_o) + \Delta H_{fB}C_{B2}v_2 - Q$$

となる。ΔH_{fB} が正であれば，成分 B を混ぜた分だけ発熱する。式 (4.15) の反応熱の項を溶解熱の項に置き換えた形になっていることがわかる。 ◇

反応系をモデル化する場合，複数成分が混合することから，厳密には上述の例題で考えたような希釈熱を反応熱と同時に考える必要がある。しかし，一般には希釈熱は，反応熱に比べて小さく，多くの反応系では希釈熱を無視してエネルギー収支式が導かれる。このようになにが対象系において支配的な要因となるか，どのような前提条件が成り立つのかを考え，物質収支・エネルギー収支式を基礎に物理モデルが構築される。したがって，当然のこととして物理モデルといえども，対象系で起こりうるすべての事象を表現できていない。なんのためのモデルか，モデルにより表現したい事象はなにかを十分整理したうえで，モデルを構築していかねばならない。

つぎに，このような物理モデルが，制御系を構築する際のどのような局面で使われるかについて学ぼう。

──── コーヒーブレイク ────

あるウイスキー会社の宣伝によると，美味しいウイスキーの水割りの作り方の秘訣は，氷の中にウイスキーを入れてさらに水を入れたあと，13 回転半かき回すことだそうである。この回数は，ウイスキーに水を混ぜたときに生ずる希釈熱を分散させるに必要な回数を測って決まったそうである。本当かな？

4.2 プロセス自由度と制御自由度

対象とするプロセスにおいて，どれだけの数の変数が制御できるかを検討するとき，前節に述べた物理モデルと，それを基盤としたプロセス自由度の概念が役立つ．物理モデルをはじめ，対象とするプロセスの変数間の因果関係を表す方程式は**プロセス方程式**と呼ばれる．

対象とするプロセスの変数の数を N_V，その変数間の因果関係を表現するプロセス方程式の数を N_M とすると，**プロセス自由度** N_F とは次式で定義される値のことである．

$$N_F = N_V - N_M \tag{4.19}$$

- $N_F < 0$ のとき：プロセスの変数の数 N_V よりプロセス方程式の数 N_M が大きく，プロセスの方程式がすべて独立であれば，すべてのプロセス方程式を満たす解は存在しない．すなわち，運転操作が実現できないことを意味する．
- $N_F = 0$ のとき：プロセス変数の数 N_V ＝プロセス方程式の数 N_M となり，その方程式を満たすプロセス変数の値は唯一存在する．
- $N_F > 0$ のとき：プロセス変数の数がプロセス方程式の数よりも大きい．したがって，プロセス方程式を満足するプロセス変数の値が複数ある (解が領域として求まる)．

さらに，生産量やほかの装置からの外乱など，外部条件によっても定まってくる (そのプロセスで自由に決められない) 変数の数 N_D を，N_F の値から引いた値 N_K が，制御変数として制御できる変数の数 (**制御自由度**：number of control objective) となる．

$$N_K = N_F - N_D \tag{4.20}$$

ただし，このプロセス自由度と制御自由度の概念は，制御変数を定常状態において設定値に制御できるかどうかを考えたものでり，動的に制御変数を変え

るような場合は，この議論から外れることを心にとめておいてほしい。

例題 4.8 オレンジジュースの希釈タンクにおけるプロセス方程式を導き，プロセス自由度を求めよ。ただし，温度の制御は考えず，タンク断面積 A は一定とする。また，簡単のため流体すべての密度は同一で一定とする。

【解答】 例題 4.1 ならびに例題 4.2 から，プロセス方程式として，つぎの全物質収支ならびにオレンジの成分の物質収支式が導かれる（断面積，密度は既知であるとする）。

$$\frac{dAh}{dt} = v_1 + v_2 - v_o$$

$$\frac{dC_{Jo}Ah}{dt} = C_{Ji}v_2 - C_{Jo}v_o$$

プロセス変数は，$h, v_1, v_2, v_o, C_{Jo}, C_{Ji}$ の 6 変数，$N_V=6$，プロセス方程式の数は $N_M=2$ で，プロセス自由度は $N_F=4$ となる。 ◇

例題 4.9 オレンジジュースの希釈タンクにおいて，測定できない外乱（上流のプロセスで決まってくる変数）として，濃縮ジュースの濃度 C_{Ji} と流量 v_1 が考えられる。制御変数として制御できる変数が，いくつあるか求めよ。

【解答】 例題 4.8 からプロセス自由度 N_F は 4 となる。式 (4.20) から，外乱が濃度 C_{Ji} と流量 v_1 だとすると制御できる変数は 2 となる。したがって，このプロセスではジュースの流出流量 v_o，流入流量 v_2，濃度 C_{Jo}，液レベル h のうち二つが同時に制御できる。いい換えれば，流出流量 v_o，流入流量 v_2，濃度 C_{Jo}，液レベル h のうち二つの変数の設定値を決めると残りの二つは，プロセス方程式から自動的に決まってしまう。 ◇

例題 4.10 図 4.7 のような A，B 成分の混合液を沸点の差 (A 成分の沸点と B 成分の沸点の差) の違いを利用して分離する，以下に記述するような

4.2 プロセス自由度と制御自由度

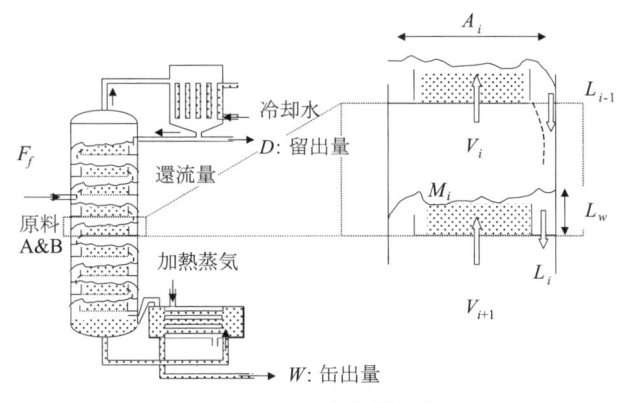

図 4.7 2 成分蒸留塔

N 段の蒸留塔がある [17,43]。物質収支式を導き，このプロセスのプロセス自由度を求めよ。また，蒸留塔に流入する原料の流量 (これをフィード流量[†] と呼ぶ) およびその組成を外乱としたときの制御自由度を求めよ。

混合液は，A 成分の濃度が C_{Af} [mol/m^3] の飽和溶液として f 段目にモル流量 F_f [mol/s] で注入される．塔頂では，冷却水によりすべての蒸気が凝縮され，還流槽に送られる．還流槽に凝縮した A 成分の濃い液は，一部 D [mol/s] を製品 (留出液) として抜き出し，R [mol/s] を塔最上段に戻す．留出液の A 成分の組成をモル分率で x_D とすると，当然最上段に戻される液 (還流液) の A 成分の組成も x_D となる．

塔底では，B 成分の濃い液 (A 成分のモル分率 x_B) が，一部 W [mol/s] だけ製品 (缶出液) として抜き出される．また，V [mol/s] がリボイラでスチーム (あるいはヒータ) により加熱され蒸気として N 段目に戻される．

物質収支を導く際，つぎの仮定が成り立つとしてよい．

- 各段での蒸気のホールドアップは無視できるとする (各段での気相の物質収支には，**擬定常状態**[††] が成り立つとしてよい)．
- 各段から上段に流れる蒸気量 V_i には $V = V_N = V_{N-1} = ... = V_1$ が

[†] 対象装置への流入をフィードと慣用的に呼ぶ．
[††] 厳密には時間的に変化する挙動を示すが，その時定数が非常に早いため考察している時間スケールで定常状態を仮定できる状態をいう．

成り立つ。

- 蒸発潜熱は組成によらず一定とみなせる (1 mol の蒸気が凝縮する熱量で 1 mol の液が気化できる)。
- 各段の段効率は 100%である (段から去る蒸気は，その段の液と平衡状態にある)。
- i 段目の気相と液相での A 成分の平衡組成の関係 (y_i, x_i) は，相対揮発度 α_{AB} で次式のように表すことができる。
$$y_i = \frac{\alpha_{AB} x_i}{1 + (\alpha_{AB} - 1)x_i}$$
- 塔内圧は一定とする。
- i 段目から液が堰をあふれて下段に流出する量 L_i は，その段での液相容積 (ホールドアップ) 量 M_i の関数として与えられる。例えば
$$L_i = \overline{L_i} + \frac{M_i - \overline{M_i}}{\tau}$$
とか，**フランシスの堰方程式** (Francis weir formula)
$$L_i = 6.032 L_w (\frac{M_i}{A_i} - H_w)^{1.5}$$
などの関数で表現される [17]。

ここで，$\overline{M_i}$ および $\overline{L_i}$ は，i 段でのホールドアップならびに液流量の定常状態の値である。τ は時定数である。また，L_w は堰長さ，A_i は i 段の液相容積の断面積，H_w は堰高さ。係数 6.032 は $m^{0.5}/s$ の単位をもつ。

- コンデンサおよびリボイラの動特性は無視できる。

  工業用のプロセスでは，コンデンサとリボイラの動特性は塔の動特性に比べ速いため，擬定常状態を仮定できるとする。

【解答】 還流槽，塔底段，フィード段での液ホールドアップ量を，それぞれ，M_{RD}, M_B, M_f と表し，それ以外の各段での液ホールドアップ量を M_i と記す。物質収支を段ごとにとる。

4.2 プロセス自由度と制御自由度　　93

- 還流槽での物質収支

    全体収支 (式の数=1)

    $$\frac{dM_{RD}}{dt} = V_1 - D - R$$

    成分収支 (式の数=1)

    $$\frac{dM_{RD}x_D}{dt} = V_1 y_1 - D x_D - R x_D$$

- 塔頂段での物質収支

    全体収支 (式の数=1)

    $$\frac{dM_1}{dt} = R + V_2 - V_1 - L_1 = R - L_1$$

    成分収支 (式の数=1)

    $$\frac{dM_1 x_1}{dt} = R x_D + V_2 y_2 - V_1 y_1 - L_1 x_1$$

- 塔底での物質収支 (式の数=1)

    $$\frac{dM_B}{dt} = L_N - V - W$$

    成分収支 (式の数=1)

    $$\frac{dM_N x_B}{dt} = L_N x_N - V y_B - W x_B$$

- i 段目の物質収支 $(i = 2, ..., N, i \neq f)$

    全体収支 (式の数=$N-2$)

    $$\frac{dM_i}{dt} = L_{i-1} + V_{i+1} - V_i - L_i = L_{i-1} - L_i$$

    成分収支 (式の数=$N-2$)

    $$\frac{dM_i x_i}{dt} = L_{i-1} x_{i-1} + V_{i+1} y_{i+1} - V_i y_i - L_i x_i$$

- フィード段の物質収支

    全体収支 (式の数=1)

    $$\frac{dM_f}{dt} = F_f + L_{f-1} + V_{f+1} - V_f - L_f = F_f + L_{f-1} - L_f$$

    成分収支 (式の数=1)

    $$\frac{dM_f x_f}{dt} = F_f c_f + L_{f-1} x_{f-1} + V_{f+1} y_{f+1} - V_f y_f - L_f x_f$$

94   4. プロセスモデリング

平衡関係から，段が $k = 1, 2, ..., N$ および塔底について

$$y_k = \frac{\alpha_{AB} x_k}{1 + (\alpha_{AB} - 1) x_k}$$

の合計 $N + 1$ の数の式が成り立つ。また，$k = 1, ..., f, ..., N$ のすべての段で，ホールドアップとその段から流れ出る液量に関して，$L_k = f(M_k)$ が成り立つとする (式の数=N)。変数の数をまとめると，

段上の A 成分モル分率	y_i, x_i	$= 2N - 2$
フィード段の A 成分モル分率	y_f, x_f	$= 2$
塔底の A 成分モル分率	y_B, x_B	$= 2$
還流槽の A 成分モル分率	x_D	$= 1$
還流槽，各段および塔底の液ホールドアップ	M_{RD}, M_i, M_B	$= N + 2$
段からの液流量	L_i	$= N$
段からの蒸気流量	V_i	$= N$
還流・留出・缶出液量	R, D, W	$= 3$
塔底からの蒸気量	V	$= 1$
フィードの量および組成	F_f, C_f	$= 2$

合計で，$5N + 11$ 変数となる。一方，$V = V_N = V_{N-1} = ... = V_1$ を N 個の方程式として数えると，合計 $5N + 5$ のプロセス方程式がある。したがって，プロセス自由度は 6 となる。フィード組成 c_f と流量 F_f を外乱とすると，制御自由度は 4 となる。制御変数として考えなければならないのは，還流槽ならびに塔底の槽をあふれさせないために，M_{RD}, M_B のホールドアップと，製品組成 x_B, x_D の四つである。自由度が 4 であることから，これらの 4 変数を同時に制御可能であることがわかる[†]。

このプロセスで操作変数として考えられるのは，バルブの開度が操作できるところから，留出液量 D，缶出液量 W，還流量 R および加熱スチーム量すなわち炊き上げ蒸気量 V の 4 変数となる。多重ループ制御構造を考えた場合 (一つの制御変数を一つの操作変数で制御していく構造)，ホールドアップの制御に留出液量と缶出液量を操作変数して使うと，組成の制御は還流量 R と炊き上げ蒸気量 V で行うこととなる。あるいは，ホールドアップを還流量と缶出量で制御し，組成を留出液 D と炊き上げ蒸気量 V で制御する組合せも考えられる。どちらを選ぶかは，ループ間の相互干渉 (6 章で学ぶ) により決まってくる。   ◇

[†] 現実には，コンデンサの動特性も考慮して塔内の圧力も制御しなければならない。この制御はコンデンサの冷却水流量を操作変数として行われる。

4.3　プロセスの伝達関数・ブロック線図表現

プロセス変数間の関係を数式で表現したものを，プロセス方程式と呼ぶことは先に述べたとおりである。物理化学的な原理・法則で導かれたプロセス方程式は，一般には非線形な微分方程式となる。その非線形な方程式をそのまま制御アルゴリズムにとり込もうとすると，アルゴリズムはどうしても複雑になる。現実には，できるだけ簡単なアルゴリズムで対象を制御したい。

制御アルゴリズムを作成するとき，対象が線形系として扱えるのであれば，その制御アルゴリズムは非常に簡単になる。例えば，制御の目的が，外乱に対処しプロセスを一つの操作点(定常状態)に保とうとするものであれば(これを**定値制御**という)，制御系はその定常値の近傍でのプロセスの挙動を取り扱うことなり，その挙動は線形系に近いと考えられる。そのときには，線形なモデルでプロセスの動的挙動を表現し，そのモデルを使って制御系を設計できる。

この線形なモデルの構築にも，つぎのようにしてプロセス方程式を利用することができる。以下で，プロセス方程式を使って，操作変数 u，外乱 d，制御変数 y の定常点 (u_s, d_s, y_s) からの変化量 $\delta u, \delta d, \delta y$ の動きを近似しうる線形方程式を導く。すなわち，プロセス方程式を定常操作点 (u_s, d_s, y_s) まわりでテーラー展開し，変化量の二次以上の項を無視することにより線形モデルを構築する。

いま，プロセス方程式が

$$\frac{dy}{dt} = f(y, u, d)$$

であるとき，定常点周りでのテーラー展開は

$$\begin{aligned}\frac{d(y_s + \delta y)}{dt} &= f(y_s + \delta y, u_s + \delta u, d_s + \delta d) \\ &= f(y_s, u_s, d_s) + \frac{\partial f}{\partial y}\delta y + \frac{\partial f}{\partial u}\delta u + \frac{\partial f}{\partial d}\delta d + o(\delta y^2, \delta u^2, \delta d^2)\end{aligned} \quad (4.21)$$

となる。ここで，$\partial f/\partial y, \partial f/\partial u, \partial f/\partial d$ は，定常点での偏微係数であり定数である。

$dy_s/dt = 0$ かつ $f(y_s, u_s, d_s) = 0$ が成り立つことおよび二次以上の項 $O(\delta y^2, \delta u^2, \delta d^2)$ を無視することにより,上式は

$$\frac{d\delta y}{dt} = \frac{\partial f}{\partial y}\delta y + \frac{\partial f}{\partial u}\delta u + \frac{\partial f}{\partial d}\delta d \tag{4.22}$$

と線形微分方程式となる。これらの線形微分方程式は,**ラプラス変換**(付録)を使うことにより,つぎのように表現できる(この過程は,以下の例題の中で逐次説明する)。

$$y(s) = G_P(s)u(s) + G_d(s)d(s) \tag{4.23}$$

ここで,$y(s) = L(\delta y), u(s) = L(\delta u), d(s) = L(\delta d)$ と,それぞれの変数をラプラス変換したものである。L は**ラプラス演算子**を意味する。

u が操作変数で,y が制御変数,d が外乱の場合,$G_P(s)$ は,操作変数から制御変数への**伝達関数** (transfer function),$G_d(s)$ は外乱から制御変数への伝達関数と呼ばれる。

例題 4.11 図 **2.25**(a)に示すタンクにおいて,流出流量 ρv_o は,タンクの液レベル h の平方根に比例し($v_o = \alpha\sqrt{h}$),操作変数である流入液のバルブの弁開度 x と流量 v_i は次式のような線形特性(式 (3.1)(3.4))をもつとする。

$$v_i = C_v x \sqrt{\frac{\Delta P}{L_\sigma}}$$

この系の物質収支式を導き,さらに定常点からの変化量 δx から δh への伝達関数を導け。ただし,貯留タンクは円筒形でその断面積が A で一定とする。また,流入液のバルブの前後の圧力の差は ΔP で一定であるとする。

【解答】 物質収支式はつぎのようになる。

$$A\frac{dh}{dt} = C_v\sqrt{\frac{\Delta P}{L_\sigma}}x - \alpha\sqrt{h}$$

定常状態での液高さおよびバルブ開度を h_s, x_s とすると

$$0 = \beta x_s - \alpha\sqrt{h_s} \qquad \text{ただし}, \beta := C_v\sqrt{\frac{\Delta P}{L_\sigma}}$$

が定常状態で成り立つ。この定常点からの微小な変動 $\delta h, \delta x$ を考え，物質収支式をとるとつぎのような線形微分方程式が得られる。

$$A\frac{d(h_s + \delta h)}{dt} = \beta(x_s + \delta x) - \alpha\sqrt{(h_s + \delta h)}$$

定常点でテーラー展開し，変動の二次以上の項を無視する。さらに，定常状態で成り立つ関係 ($\beta x_s = \alpha\sqrt{h_s}$) を使って整理すると次式が得られる。

$$A\frac{d\delta h}{dt} = \beta\delta x - \frac{\alpha}{2\sqrt{h_s}}\delta h$$

上式をラプラス変換すると

$$h(s) = L(\delta h) = \frac{1/A}{s + \dfrac{\alpha}{2A\sqrt{h_s}}}\beta L(\delta x) = \frac{\beta/A}{s + \dfrac{1}{\tau}}x(s)$$

となる。このように一次の線形微分方程式で表される系，あるいはラプラス変換で $K_P/(1+\tau s)$ で表される系を**一次遅れ系**という。このとき，τ は**時定数**と呼ばれる。タンクの液レベルの場合，時定数は

$$\tau = \frac{2A\sqrt{h_s}}{\alpha} = \frac{2V_s}{\beta x_s}$$

の関係から，定常状態でのタンクの貯留量 V_s と流入量 $v_{is}(:= \beta x_s)$ の比，いわゆる滞留時間と呼ばれる時間の 2 倍となる。

◇

例題 4.12 例題 4.11 のタンクにおいて，流出流量が一定値 v_{os} に固定されているとしよう。この系の物質収支式を導き，さらにバルブ開度の定常点からの変化量 δx から液レベルの定常点からの変化量 δh への伝達関数を導け。

【解答】 物質収支式はつぎのようになる。

$$A\frac{dh}{dt} = C_v\sqrt{\frac{\Delta P}{L_\sigma}}x - v_{os}$$

定常状態での差圧，液レベル，流出流量およびバルブ開度を $\Delta P_s, h_s, v_{os}, x_s$ とすると，それらの間には，次式が成り立つ。

$$0 = \beta x_s - v_{os}$$

先の例題と同様に，この定常状態から，微小な変動 $\delta h, \delta x$ を考えることにより，つぎの線形方程式が導ける．

$$A\frac{d\delta h}{dt} = \beta \delta x \quad (ここで \beta = C_v \sqrt{\frac{\Delta P_s}{L_a}})$$

この際，流出流量が固定されているため，δv_o は考えない．ラプラス変換して上式を表現すると

$$h(s) = L(\delta h) = \beta \frac{1}{As} L(\delta x)$$

となる．$1/s$ の要素を伝達関数にもつ系は，**積分系** (integral process) と呼ばれる．　　　　　　　　　　　　　　　　　　　　　　　　　　　　　　◇

プロセス制御で頻繁に使う伝達関数のいくつかを**表 4.2** に示す．先の例題および**表 4.2** 中に示されるような伝達関数に関連した表現に，つぎのような用語がある．

伝達関数中の s にゼロを代入して得られる値は，**単位ステップ入力**[†] を加え

表 4.2 プロセス制御で頻繁に使われる伝達関数

伝達特性	ラプラス変換形	ステップ応答
積分系	$\dfrac{K_p}{s}$	出力
一次遅れ系	$\dfrac{K_p}{1 + \tau_p s}$	出力
一次遅れ＋むだ時間系	$\dfrac{K_p}{1 + \tau_p s} e^{-\tau_d s}$	出力
二次遅れ系	$\dfrac{K_p}{(1 + \tau_{p1} s)(1 + \tau_{p2} s)}$	出力
二次遅れ系（振動系 $\zeta < 1$）	$\dfrac{K_p}{1 + 2\zeta \tau s + \tau^2 s^2}$	出力
非最小位相系（$\tau_{p3} > 0$）	$\dfrac{K_p(1 - \tau_{p3} s)}{(1 + \tau_{p1} s)(1 + \tau_{p2} s)}$	出力

[†] 大きさを1でステップ状に変化させた入力．

たときの出力の定常状態での値となり，**定常ゲイン** (steady state gain) と呼ばれる．また，伝達関数の分母=0 の s に関する方程式の根を**極** (pole)，分子=0 の根を**ゼロ点** (zero) と呼ぶ．ラプラス変換で学んだように，極の実数部分が負であれば，その出力はある値に漸近し，正であれば出力は発散する．

以下，図中の伝達関数がどのような物理的背景 (物理モデル) から導かれるものか，いくつかその例を紹介しよう．

例題 4.13 図 4.8 のような貯留サイロから粉体を取り出し，ベルトコンベヤで乾燥装置まで連続的に輸送しているプロセスがある．このプロセスではサイロの取り出し口の弁開度で，搬送する粉体量を変えることができる．弁開度 x から乾燥装置に流入する粉体量 W_P への伝達関数を導け．ベルトコンベヤの速度を v [m/s]，搬送距離を ι [m] とする．また，弁開度 x とサイロから取り出される粉体の重量流量 W [kg/s] の関係は，$W = \alpha x$ で表されるとする．ただし，α は定数．

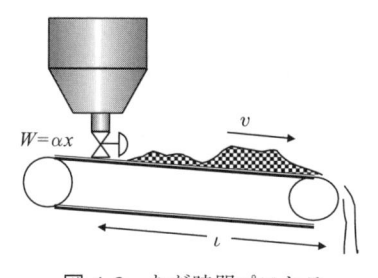

図 4.8 むだ時間プロセス

【解答】 サイロから取り出される粉体は，搬送にかかる時間だけ遅れて乾燥装置に流入する．すなわち，乾燥装置に流入する粉体量の時間変化に関して次式が成り立つ．

$$W_P(t) = W\left(t - \frac{\iota}{v}\right) = \alpha x\left(t - \frac{\iota}{v}\right)$$

これから，弁開度の変化量 δx から，流入する粉体重量変化 δW_P への伝達関数は，つぎのようになる．

$$L(\delta W_P) = \alpha \exp\left(-\frac{\iota}{v}s\right) L(\delta x) = \alpha \exp(-T_d s) x(s)$$

ここで $T_d = \iota/v$ である。

このように $e^{-T_d s}$ の項を有する伝達関数をもつ系を**むだ時間系** (delay process/dead time process) と呼ぶ。 ◇

例題 4.14 図 4.9 のような貯留タンクと液レベル計を考える。貯留タンクへは，連続的に液が流量 v_1 で流入し流量 v_o で流出している。流出量は，簡単のためタンクの液レベル h_1 に比例し ($v_o = \alpha h_1$)。液レベル計への流入・出量 v_2 は，タンクの液レベルと液レベル計のレベル h_2 との差に比例する ($v_2 = \beta(h_1 - h_2)$) とする。密度は一定 ρ で，タンクの断面積は A_1，液レベル計の断面積は A_2 として，流入量の定常状態からの変化量からレベル h_2 の定常状態からの変化量への伝達関数を導け (α, β は一定)。

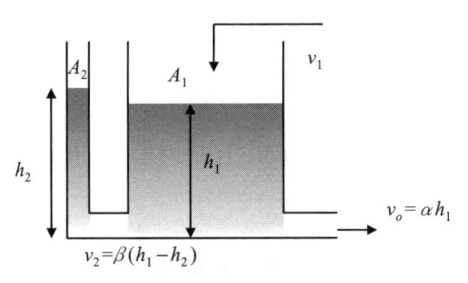

図 4.9 貯留タンクと液レベル計の干渉

【解答】 タンクと液レベル計での物質収支はつぎのようになる。

$$A_1 \frac{dh_1}{dt} = v_1 - \alpha h_1 - \beta(h_1 - h_2)$$
$$A_2 \frac{dh_2}{dt} = \beta(h_1 - h_2)$$

定常状態からの変化量 $\delta h_1, \delta h_2, \delta v_1$ を考え，変化量のプロセス方程式をラプラス変換するとつぎのようになる。

$$\begin{bmatrix} sA_1 + \alpha + \beta & -\beta \\ -\beta & sA_2 + \beta \end{bmatrix} \begin{bmatrix} h_1(s) \\ h_2(s) \end{bmatrix} = \begin{bmatrix} 1 \\ 0 \end{bmatrix} v_1(s)$$

$h_1(s), h_2(s), v_1(s)$ は変化量のラプラス変換である。左辺の行列の逆行列をとることにより，$v_1(s)$ から $h_1(s)$ への伝達関数がつぎのように求まる。

$$h_1(s) = \frac{A_2 s + \beta}{A_1 A_2 s^2 + ((\alpha + \beta)A_2 + \beta A_1)s + \alpha\beta} v_1(s)$$

このように伝達関数の分母が s の二次多項式で表される系を**二次遅れ系** (second order system) と呼ぶ。　　　　　　　　　　　　　　　　　　　　　　　◇

二次遅れ系の伝達関数は，より一般的に**表 4.2** 中の

$$\frac{K_p}{\tau^2 s^2 + 2\zeta\tau s + 1}$$

で表現される。$\zeta > 1$ で**非振動系** (overdamping process)，$\zeta < 1$ で**振動系** (underdamping process)，$\zeta = 1$ で**臨界非振動系** (critical damping process) などのように，ζ の値を変えることによって**図 4.10** 中に描く振動系や非振動系が表現できる。この ζ は**ダンピングファクタ**と呼ばれる。

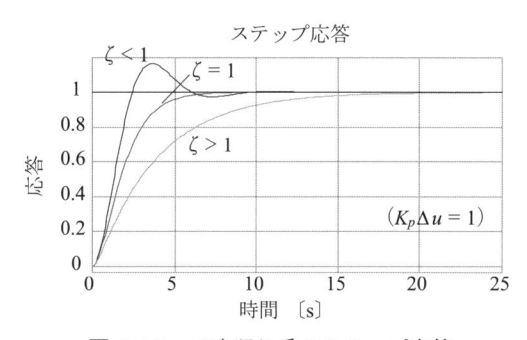

図 4.10 二次遅れ系のステップ応答

表 4.2 中に示される伝達関数の中で

$$\frac{K_p(-\tau_a s + 1)}{\tau^2 s^2 + 2\zeta\tau s + 1}$$

は，**非最小位相系** (nonminimum phase process) と呼ばれるものの一つであり，ステップ応答をとった場合，その応答が，定常ゲインとは反対の方向に一時的に動く。伝達関数の分子 = 0 の解，これをゼロ点と呼ぶが，このゼロ点が複素平面上の右半面 (解の実数部が正) に位置するとき生ずる。上式だけでなく，伝達関数のゼロ点が複素右半面に存在する系をすべて非最小位相系と呼ぶ。

4.4　ブロック線図

伝達関数は，入力信号に作用して出力信号を作り出す作用素とみなすことができる。信号の流れを描くと図 **4.11** になる。これを**ブロック線図**という。この図では，ブロックを繋ぐ矢線は信号とその流れの方向を示し，ブロックは信号を線形変換する作用素を表す。例えば式 (4.23) は，図 **4.12** のように $u(s)$ や $d(s)$ を入力信号として作用素 $G_P(s), G_d(s)$ で変換して $y(s)$ を出力しているように図示することができる。

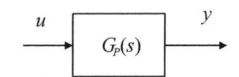

図 **4.11**　伝達関数のブロック線図表現

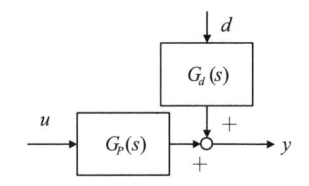

図 **4.12**　入出力信号のブロック線図表現

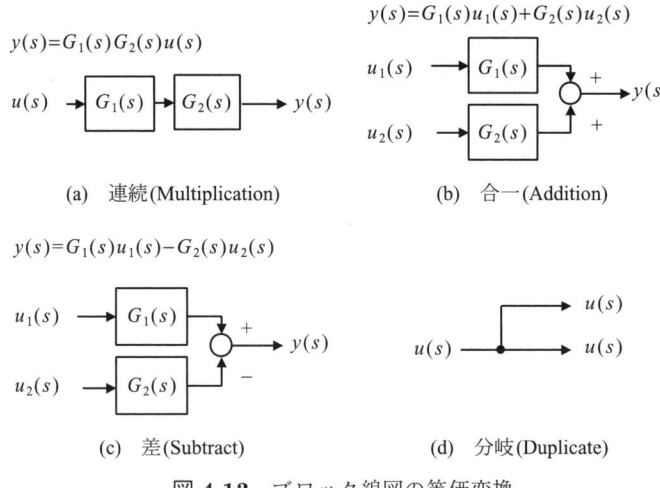

(a)　連続(Multiplication)　　　$y(s)=G_1(s)G_2(s)u(s)$

(b)　合一(Addition)　　　$y(s)=G_1(s)u_1(s)+G_2(s)u_2(s)$

(c)　差(Subtract)　　　$y(s)=G_1(s)u_1(s)-G_2(s)u_2(s)$

(d)　分岐(Duplicate)

図 **4.13**　ブロック線図の等価変換

ブロック線図の矢線を流れるのは信号であり，その性質は物質の流れとは異なる．例えば図 **4.13**(d) のように分岐した場合は，分岐した矢線には，同一の信号が流れている．また，合流は加法的に行われると考える (図 **4.13**(b))．

ブロック線図は等価性をもつ．この等価性とは，伝達関数を作用素としたとき，その入出力信号の因果関係を記述する微分方程式が等価なものになることを意味する．

例題 4.15 図 **4.14** に示すブロック線図において $r(s)$ から $y(s)$ と $d(s)$ から $y(s)$ への伝達関数を求めよ．

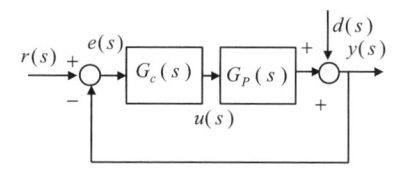

図 **4.14** フィードバック制御系のブロック線図

【解答】 図中の各ブロックでつぎの入出力信号関係を表現している．

$$y(s) = G_p(s)u(s) + d(s)$$
$$e(s) = r(s) - y(s)$$
$$u(s) = G_c(s)e(s)$$

これらの式から，$e(s)$ を消去して，$y(s)$ について解き出すとつぎのような $r(s)$ から $y(s)$ と $d(s)$ から $y(s)$ への伝達関数が得られる．

$$y(s) = \frac{G_p(s)G_c(s)}{1 + G_p(s)G_c(s)}r(s) + \frac{1}{1 + G_p(s)G_c(s)}d(s)$$

$\diamond$

例題 4.16 図 **4.15** に示すブロック線図において，$r(s)$ から $y(s)$ と $d(s)$ から $y(s)$ への伝達関数を求めよ．ただし $d_M(s)$ は確定外乱である．

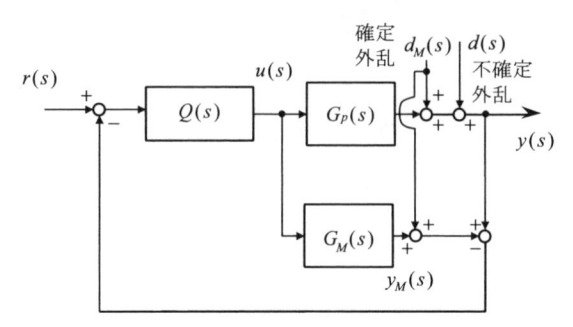

図 **4.15** ある制御系のブロック線図

【解答】 図中の各ブロックでつぎの入出力信号関係を表現している。
$$y(s) = G_p(s)u(s) + d_M(s) + d(s)$$
$$y_M(s) = G_M(s)u(s) + d_M(s)$$
$$e(s) = r(s) - y(s) + y_M(s)$$
$$u(s) = Q(s)e(s)$$

これらの式から，$e(s), y_M(s)$ を消去して，$y(s)$ について解き出すとつぎのような $r(s)$ から $y(s)$ と $d(s)$ から $y(s)$ への伝達関数が得られる。

$$y(s) = \frac{G_p(s)Q(s)}{1+Q(s)(G_p(s)-G_M(s))}r(s)$$
$$+ \frac{1-G_M(s)Q(s)}{1+Q(s)(G_p(s)-G_M(s))}d(s)$$

◇

4.5 ブラックボックスモデル

対象の内部で起こっている現象や機構を，物理化学的な原理・法則に基づいて解析しモデル化してできたものが，前節で学んだ物理モデルであった。しかし，物理モデルを構築するには，一般に煩雑な作業が伴う。例えば，物理モデルは，数多くの物性パラメータが含まれており，それらのパラメータを決定するために，ときには高価な装置を使った実験を行わねばならない。さらに，苦労して構築したモデルも，複雑過ぎて，実際のコントローラ設計に直接用いるこ

とができない場合が多々ある。そのため，対象の入出力変数間の物理化学的因果関係にかかわらず，得られる入出力のデータを使って，その入出力間の動的な因果関係をモデル化しようとする方法がよくとられる。このモデルをブラックボックスモデルという。

プロセス制御では，一次遅れ，一次遅れ＋むだ時間系など，**表 4.2** に示した伝達関数がプロセスの動的特性を記述するために使われる。この伝達関数を物理モデルから導くのではなく，実験等で得られる入出力データから構築する手法を学ぼう。入出力データからブラックボックスモデルを構築する方法は，システム同定等の成書に詳しい[1),19)]。したがって，ここでは，一次遅れや一次＋むだ時間系など簡単な伝達特性をデータから図式的に求める方法 (**eyeball fitting** と呼ばれる方法) についてだけ記述し，コンピュータを使った精緻な計算は他書に譲ることにする。

モデル化したい入出力変数を定常状態に保ったのち，入力変数をまず単位ステップ量だけ変化させ，出力変数の応答波形を観測する (**図 4.16**)。その応答波形の形状より，時定数，定常ゲイン，むだ時間などのパラメータを推定し，入出力変数間の伝達関数を求める方法がステップ応答法と呼ばれるものである。

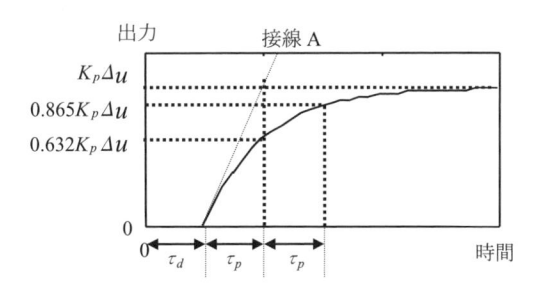

図 4.16 一次遅れ＋むだ時間系のステップ応答

例えば，ステップ応答のデータから一次遅れ＋むだ時間の伝達関数の導出はつぎのように行われる。

4.5.1 一次遅れ＋むだ時間系

一次遅れ＋むだ時間系 $(K_p/(1+\tau_p s))e^{-\tau_d s}$ が，大きさ Δu のステップ状の

変化に対して示す出力応答 y は，$K_p(1 - e^{-(t-\tau_d)/\tau_p})H(t-\tau_d)\Delta u$ となる。ただし，$H(t-\tau_d)$ はヘビサイド関数であり，$t \geq \tau_d$ で 1。それ以外では 0 の値をとる関数である。

応答は，$t = \infty$ で $K_p\Delta u$ に漸近する。$t = \tau_d + \tau_p$ のとき，応答は $K_p\Delta u$ の 63.2 % に達する。また，$t = \tau_d + 2\tau_p$ のとき，応答は $K_p\Delta u$ の 86.5 % に達する。このような関数の特徴を活かして，図 **4.16** に示すように，十分時間が経ち応答が一定値に漸近した値を，Δu で除することにより K_p の値が求まる。また，応答が漸近値の 63.2% の大きさに達する時刻から $\tau_d + \tau_p$ の値，86.5 % のに達する時刻から $\tau_d + 2\tau_p$ の値を読み取ることができる。さらに，入力を変化させた時間から，応答が立上るまでの時間でむだ時間 τ_d が推定できる。このようにして伝達関数のパラメータを応答図形より読み取ることができる。

時定数 τ_p の値を読み取る一つの方法として，応答の立上り部分を使う方法がある。ステップ応答の立上り時点での微係数が，$(1/K_p\Delta u)(dy/dt) = 1/\tau_p$ となることから，応答の立上り部分で接線を引き (図 **4.16** 中接線 A)，応答が一定値に漸近している値 $K_p\Delta u$ とその接線が交わる時刻から $\tau_d + \tau_p$ の値を読み取ることができる。

4.5.2　二次遅れ系

ステップ応答が，S 字型を描いたり，振動的な場合 (図 **4.17**)，あるいは応

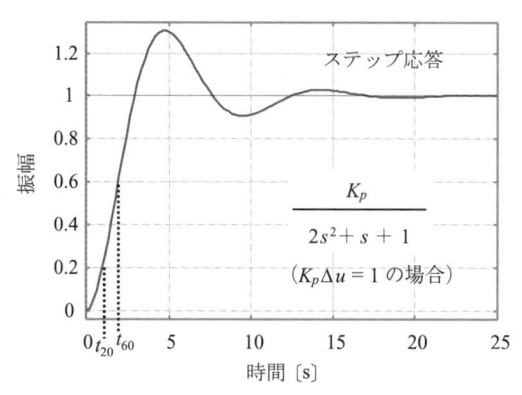

図 **4.17**　二次の振動系のステップ応答

答の立上りの微係数が限りなくゼロに近いとき，一次遅れ系としてその伝達特性を表現することは難しい．スミスは，応答データから二次遅れ系の伝達関数 $K_p/(\tau^2 s^2 + 2\zeta\tau s + 1)$ のパラメータ ζ, τ を読み取るつぎのような方法を提案している[39]．

図 **4.17** のように，ステップ応答が一定値に漸近する値から K_p の値を読み取る．さらに，応答が $K_p\Delta u$ の 20% に達するのに要する時間と 60% に達するのに要する時間，t_{20}, t_{60} を応答波形からそれぞれ読み取る．その時間は，むだ時間がある場合は，むだ時間を取り除いた時間で読み取る．読み取った値の比 t_{20}/t_{60} を計算し，図 **4.18** を使って，ζ の値ならびに t_{20}/t_{60} と t_{60}/τ の曲線から τ を求めることができる．

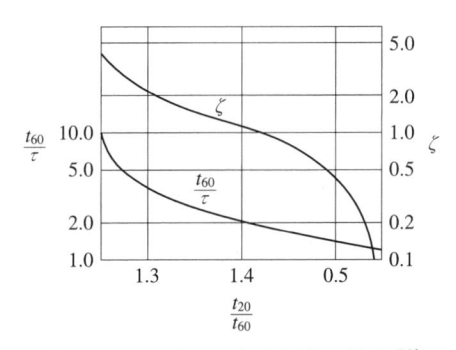

図 **4.18** 二次遅れ伝達関数の決定 [39]

4.5.3 積 分 系

積分要素 $1/s$ を含むプロセスのステップ応答テストを行うと，その積分要素のために，その出力は一定値には漸近しない．このような積分を含むプロセス $(1/s)G_p(s)$ の $G_p(s)$ 要素は，そのステップ応答からつぎのように求めることができる．

まず，積分要素を含むプロセス $(1/s)G_p(s)$ は

$$\frac{1}{s}G_p(s) = \frac{K_{IP}}{s} + G_p^*(s) \tag{4.24}$$

と積分要素と積分要素を含まない安定な伝達関数の和から成り立っていると考

える。ステップ入力 Δu を加えた場合，十分時間が経つと積分要素の応答は，傾き K_{IP} の直線に漸近し，積分を含まない安定な項 $G_p^*(s)$ のステップ入力に対する応答は，その定常ゲイン $|G_p^*(0)|$ に漸近する。この性質を使って，図 **4.19** のような応答が得られたとき，応答の勾配が一定値に漸近したところで，その傾き K_r^* を読み取る。積分要素のゲイン K_{IP} は，その傾きより，$K_{IP} = K_r^*/\Delta u$ と求まる。$G_p^*(s)$ は，一次遅れか二次遅れ系であれば，応答波形から $K_r^* t$ の応答を差し引いたデータを使って，先に述べた方法により求めることができる。

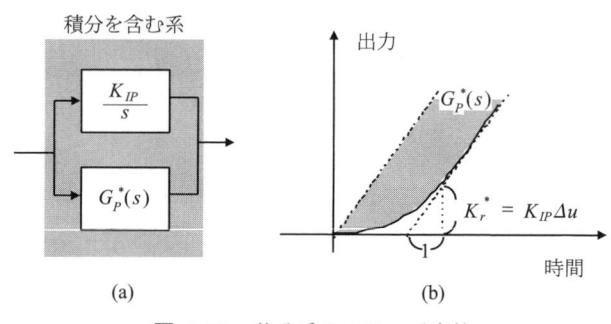

図 **4.19** 積分系のステップ応答

******** 演 習 問 題 ********

【1】 図 **4.20** に示すような 3 種類の原料の貯留タンクがある。タンクへの原料の流入量を v_i〔m^3/s〕，タンクからの流出量を v_o〔m^3/s〕，液高さを h〔m〕として，それぞれのタンクで，原料の物質収支式を導び，流入・流出量のステップ状変化によって液高さがどのように変化するかを描け。

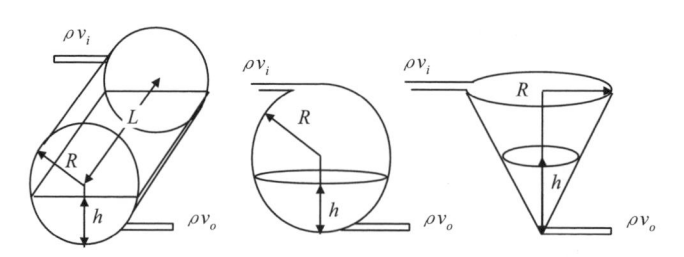

図 **4.20** 円柱・球形・円錐形タンク

【2】 例題 4.7 のプロセスのプロセス自由度を求めよ。また，液体 B の流量 v_2，ラインAの成分A濃度 (C_{A1})，および温度 (T_1)，ラインBの成分B濃度 (C_{B2})，およびその温度 (T_2) が外乱であるとしたときの制御自由度を求めよ。

【3】 A 成分のモル濃度が C_{Ai} の溶液を，完全混合槽型反応器に流量 v_i，温度 T_i で供給し反応させる。反応は A → B の一次の吸熱反応であり，その反応速度式は $r_A = -k(T)C_A$ で与えられる。反応熱は $(-\Delta H)$，加熱量は Q である。密度 ρ および比熱 c_p が一定で変化しないと仮定できる場合のプロセス自由度を求めよ。溶液の供給量は外乱，供給濃度と温度は，上流プロセスによって定まる変数であるとしたとき，制御自由度を求めよ。ただし，流出流量を v_o，B 成分モル濃度を C_B，反応器内温度を T とする。

【4】 図 4.21 に示すような容積 V の気相反応器がある。原料は，気体で流量 v_i，A 成分モル濃度 C_{Ai}，B 成分モル濃度 C_{Bi}，密度 ρ で流入し，一定圧 P，温度 T でつぎの不可逆二次反応が起こっている。

$$A \to B, \quad -r_{AB} = k_1 C_A C_B$$

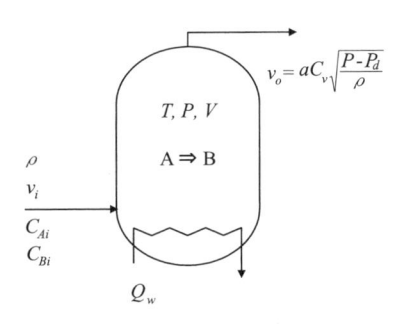

図 4.21 気相反応器

製品は，装置内の圧力と下流の装置の操作圧 P_d の差の平方根に比例して，流出流量 $v_o = aC_V\sqrt{(P-P_d)/\rho}$ で流れ出る。ここで，C_V はバルブの特性値，a はバルブ開度によって決まる係数である。Q_w は冷却熱量である。装置内は完全混合状態にあり理想気体則が成り立つとする。各成分の物質収支式を導け。

【5】 例題 4.3 および例題 4.6 で扱った連続槽型反応器を考える。ここでは簡単のため，反応器の温度は一定に制御されているとし，反応器からの流出流量 v_o は反応器内溶液体積 V に比例するとする。すなわち，$v_o = \alpha V$ が成り立つ（ここで，α は，比例定数）。定常状態値（上付き*で表す）から流入量が変動したとする（$v_i^* \to v_i^* + \delta v_i$）。$\delta v_i$ から濃度の変化量への伝達関数を導け。

【6】 図4.22 のような冷水と温水を混合するタンクがある. 冷水の流量を q_c, その温度 T_c, 温水の流量を q_h, その温度を T_h とし, どちらの流体も比熱は C_P で密度は ρ で同一であるとする. タンク断面積は A_c, 液高さは h, 出口流量は液高さに比例し $\phi\sqrt{h}$ となる. タンク内の水の温度を T とすると, タンクでの物質収支, エネルギー収支式は次式になることを示せ.

$$A_c \frac{dh}{dt} = q_h + q_c - \phi\sqrt{h}$$

$$\rho C_P A_c \frac{dhT}{dt} = \rho C_P(q_h T_h + q_c T_c - \phi\sqrt{h}T)$$

図 4.22 冷水・温水の混合槽

また, この収支式を使って Simulink でシミュレーションできるプログラムを作成し, つぎの定常点 (下記の値から求めよ) まわりで, 冷水流入流量と温水流入流量に対する液体積と混合タンクの温度のステップ応答を求めよ.
$T_h = 65\,°C, T_c = 15\,°C, A_C = 1\,\mathrm{m}^2, \phi = 10\,\mathrm{m}^{5/2}/\mathrm{h},\ h = 4\,\mathrm{m}, T = 35\,°C$

【7】 $A \to B$ の不可逆一次反応 $(r_A = -kC_A)$ が起こっている完全混合連続槽型反応器がある (図 4.23). 物質収支と成分 A の成分収支が次式で表されることを示せ. ただし, 流出流量は, 反応器体積に比例する $(F = \phi V)$.

$$\frac{dV}{dt} = F_i - \phi V$$

$$\frac{dVC_A}{dt} = F_i C_{Ai} - FC_A - kC_A V$$

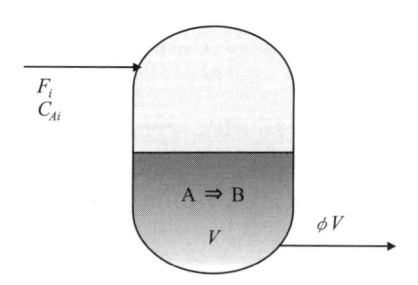

図 4.23 液相一次反応器のモデリング

また，この物質収支式を使ってSimulinkでシミュレーションできるプログラムを作成し，つぎの定常点まわりで，流入流量と入口A成分組成に対する液体積と反応器内A成分組成のステップ応答を求めよ。

入口A成分濃度 $C_{Ai} = 8\,\text{kmol/m}^3$，反応器内A成分組成 $C_A = 4\,\text{kmol/m}^3$，液体積 $V = 1.2\,\text{m}^3$，流入量 $F_i = 1.0\,\text{m}^3/\text{h}$，流出流量 $F = 1.0\,\text{m}^3/\text{h}$，定数 $\phi = 5/6$，反応定数 $k = 1/1.2\,\text{1/h}$ である。

【8】図 4.24 に示すような微生物と基質の 2 成分からなる単純な微生物反応器 (biochemical reactor) を考える。微生物は基質を食べて成長する。単位時間，単位体積当りに基質を食べる速度を r_s，微生物の増殖速度を r_G としよう。反応器の体積 V，フィードの体積流量を v_i，微生物濃度を C_{bioin}，基質濃度を C_{subin}，反応器内の微生物濃度を C_{bio}，基質濃度を C_{sub}，抜き出しの体積流量を v_o とする。反応器体積が一定に保たれるように流出流量で制御されているとして，微生物と基質に関する物質収支式を導け。ただし，反応器内は完全混合状態にあるとする。

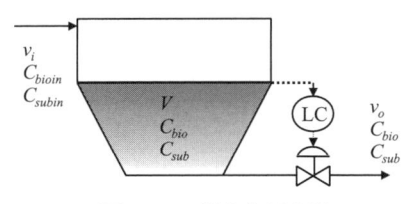

図 4.24　微生物反応器

増殖速度と基質消費速度がそれぞれ基質濃度と微生物の関数として次式のように与えられたときの物質収支式を完成させ，フィード微生物濃度を C_{bioin} および基質濃度を C_{subin} を入力として，Simulinkでシミュレーションできるプログラムを作成せよ。

$$r_G = \mu C_{bio} = \frac{40 C_{sub}}{0.4 + C_{sub}} C_{bio}, \qquad r_s = r_G \frac{1}{Y}$$

ここで μ は比増殖速度，Y は収率である。

シミュレーションでは定常値として $Y = 0.1$，$V = 1\,\text{m}^3$，$v_i = v_o = 3\,\text{m}^3/\text{s}$，$C_{subin} = 6\,\text{kg/m}^3$，$C_{bioin} = 6\,\text{kg/m}^3$ の値を使え。

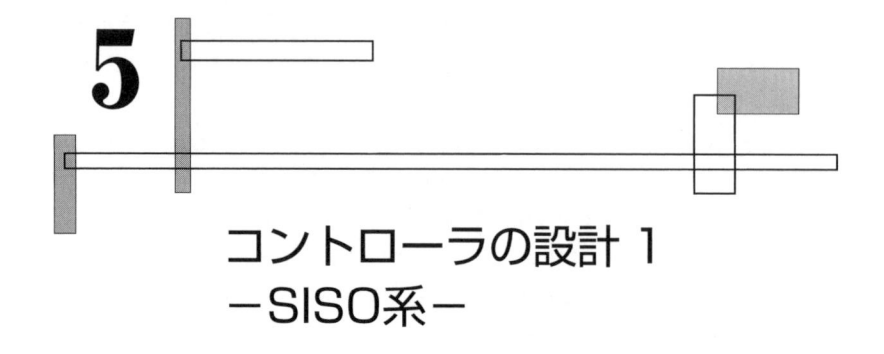

5 コントローラの設計 1
－SISO系－

プロセスのモデリングを終えるといよいよコントローラの設計となる。この章では，はじめに，内部モデル制御（internal model control）の基本的な考え方を学び，従来の PID 制御系と内部モデル制御の関連，さらに内部モデル制御による PID のパラメータの調整法について学んでいく。コントローラの設計は，制御構造に応じて変わってくるものではあるが，ここではもっとも基本的な SISO 系のフィードバック制御のコントローラ設計について学ぶ。

5.1 内部モデル制御の基本的考え方

前章で学んだように，ある定常点まわりでの操作変数 u と制御変数 y の間の動特性を考えた場合，両者の動的な因果関係は伝達関数で表現できる。得られた伝達関数を $G_M(s)$ と表そう。得られている伝達関数はあくまでも操作変数 u と制御変数 y の間の現実の動特性をモデル化したものであるということから添え字に "M" をつけてある。真の動特性を $G_P(s)$ とする。

さて，このモデルを使って，制御変数 y をいまの値からできるだけ素早く新しい設定値へ移す設定値変更制御を行うコントローラ $Q(s)$ を設計することを考えよう。コントローラは，制御量や設定値を入力信号として操作量を決定する機器である。したがって，伝達関数 $Q(s)$ は，コントローラに入ってくる信号と操作量の間の動特性を表しているものだと考えればよい。コントローラ $Q(s)$ の

5.1 内部モデル制御の基本的考え方

設計とは，設定値変更の命令がコントローラに信号として伝えられたとき，その信号と現在の制御変数の値から操作量をいかに時間的に変化させるかを定めるルール作りである。

図 **5.1**(a) では，設定値信号 $r(s)$ はコントローラを通り，操作量 $u(s)$ に変換されて，さらにプロセスを経て制御変数 $y(s)$ に至っている。その関係を伝達関数で表すとつぎのようになる。

$$y(s) = G_P(s)Q(s)r(s) \tag{5.1}$$

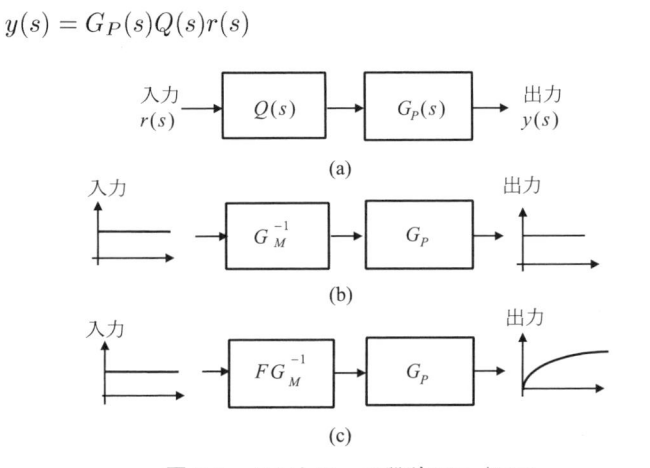

図 **5.1** コントローラ設計のアイデア

コントローラ $Q(s)$ として，プロセスのモデル $G_M(s)$ の逆関数 $G_M(s)^{-1}$ をとってみる。まず，モデル $G_M(s)$ が完全に真の伝達関数 $G_P(s)$ と一致しているとしよう[†]。このとき，式 (5.1) は

$$y(s) = G_P(s)G_M(s)^{-1}r(s) = r(s) \tag{5.2}$$

となる。

すなわち，$Q(s) = G_M(s)^{-1}$ と設計すると瞬時にして制御量を設定値に一致させることができる（$y(s) = r(s)$，図 **5.1**(b)）。理想的な状態である。しかし，$Q(s)$ が $G_M(s)$ の逆関数として設計されると，多くの場合，$Q(s)$ は分子の s の

[†] モデルが現実の系を完璧に表現している意味から，このモデルを**パーフェクトモデル**と呼んだりする。

多項式が分母の多項式より次数の大きい有理関数となってしまう（伝達関数の分子の次数が分母の次数よりも大きい関数は improper と呼ばれる）。これは，コントローラへの入力信号（出力の測定値など）の高階の微分をとり，操作量を決定することに相当し，信号に含まれるノイズを増幅してしまい制御性を落とすことにつながる。

コントローラ $Q(s)$ の分子の次数が分母の次数より二次数以上大きくならないように分母の次数の大きい関数 $F(s)$ を $G_M(s)^{-1}$ にかけたものをあらためて $Q(s)$ $(:=F(s)G_M(s)^{-1})$ としよう。

このように設計すると，式 (5.1) は

$$y(s) = G_P(s)G_M(s)^{-1}F(s)r(s) = F(s)r(s) \tag{5.3}$$

となる。

関数 $F(s)$ が $F(0)=1$ を満たすように，すなわち，定常ゲインが1となるような関数 $F(s)$ を作っておけば，十分時間が経つと制御変数 y は設定値に漸近する。

この関数 $F(s)$ は，**フィルタ**と呼ばれ，一般に

$$F(s) = \frac{1}{(1+\alpha s)^n} \tag{5.4}$$

のような形のものが使われる。この $F(s)$ は，$s \to 0$ のとき $F(0)=1$ を満たしている。n の数は $F(s)G_M(s)^{-1}$ の分子の次数が分母の次数より二次数以上大きくならないように選ぶ (測定値の1階微分は許されるとする)。

例えば $n=1$ のとき，式 (5.3) で表される応答は，図 **5.1**(c) のように一次遅れのステップ応答のようになる。

現実には，外乱が存在したり，モデルが真の特性とは異なる（これを**モデル誤差**と呼ぶ）。したがって，伝達関数は，式 (5.3) で計算したようにはならない。そこで，外乱やモデル誤差に対処するために，図 **5.2** に描くように，まず，プロセスと並列にモデルを並べ，操作変数 u を加えたときのプロセスから得られる制御変数の測定値 $y(s)$ と，モデル $G_M(s)$ の出力を比較する。モデル $G_M(s)$ の出

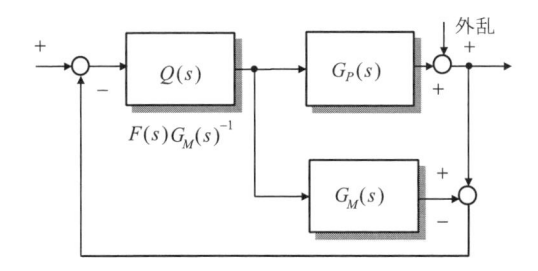

図 5.2 内部モデル制御

力を $y_M(s)$ と表す。外乱やモデル誤差があるとき，$y(s)$ は，モデルで計算した制御量の値 $y_M(s)$ とは異なってくる。この $y(s)$ と $y_M(s)$ との差 $y(s) - y_M(s)$ をコントローラに戻す。コントローラ $Q(s)$ では，$y(s) - y_M(s)$ のずれに応じて操作量を決め直す形となっている。外乱やモデル誤差がなければ $y(s) - y_M(s)$ はゼロとなり，図 5.1(c) の構造と等価となる。図 5.2 の構造が**内部モデル制御**（Internal Model Control：IMC）と呼ばれる構造である [29]。

図 5.2 の構造において，設定値 $r(s)$ ならびに外乱 $d(s)$ から制御変数 $y(s)$ への伝達関数は次式のようになる（**例題 4.16** ですでに導いている）。

$$y(s) = \frac{G_P(s)Q(s)}{1 + (G_P(s) - G_M(s))Q(s)} r(s) \\ + \frac{1 - G_M(s)Q(s)}{1 + (G_P(s) - G_M(s))Q(s)} d(s) \qquad (5.5)$$

モデル誤差がないとき，設定値ならびに外乱から制御変数への応答は，式 (5.5) に $G_P(s) = G_M(s)$ を代入し整理することによりつぎのように得られる。

$$y(s) = F(s)r(s) + (1 - F(s))d(s) \qquad (5.6)$$

例題 5.1 一次遅れのプロセス $(y(s)/u(s)) = G_P(s) = (K_P/(1 + \tau_P s))$ を対象として，IMC のコントローラを設計せよ。ただし，プロセスのモデルとして $(y_M(s)/u(s)) = G_M(s) = (K_M/(1 + \tau_M s))$ が得られているとする。

【解答】 コントローラ $Q(s)$ は，モデルの逆関数と $n=1$ の $F(s)$ の合成関数となる．

$$Q(s) = \frac{1}{(1+\alpha s)} \frac{(1+\tau_M s)}{K_M} \tag{5.7}$$

◇

モデルの逆関数をとるというコントローラの設計を行ったが，つねにモデルの逆関数がとれるわけではない．例えば，非最小位相系のモデル

$$G_M(s) = \frac{K_M(1-\alpha s)}{(1+\tau_1 s)(1+\tau_2 s)} \qquad (\alpha > 0)$$

のとき，単純に，このモデルの逆関数をとると

$$Q(s) = \frac{(1+\tau_1 s)(1+\tau_2 s)}{K_M(1-\alpha s)} F(s)$$

となる．これでは，分母に $(1-\alpha s)$ の項があり，不安定なコントローラとなる[†]．

また，むだ時間を含む系のモデル $G_M(s) = G_M(s)e^{-\tau_d s}$ のとき，単純に，このモデルの逆関数をとると $Q(s) = G_M^{-1} e^{\tau_d s}$ となる．このコントローラは，分子に $e^{\tau_d s}$ をもつことから，コントローラへの入力信号（$r(s) - y(s) + y_M(s)$）の未来の値を使わなければならず実現できない[††]．

内部モデル制御では，このような逆関数を単純にとれない場合，コントローラの設計をつぎのように行う．

1. モデル $G_M(s)$ を逆関数がとれる部分 $G_{M-}(s)$ ととれない部分 $G_{M+}(s)$ に分ける．

$$G_M(s) = G_{M-}(s) G_{M+}(s) \tag{5.8}$$

ただし，$G_{M+}(s)$ への分解は任意の ω に対して，そのゲインが $|G_{M+}(\omega)| = 1$ を満たすようにする．ここで，$|\cdot|$ は，ユークリッドノルムを意味

[†] 本章演習問題 1 を参照
[††] 本章演習問題 2 を参照

する†。この特性をもつものを all path filter という。

2. コントローラ $Q(s)$ を逆関数がとれる部分 $G_{M-}(s)$ と関数 $F(s)$ で設計する。

$$Q(s) = F(s)G_{M-}(s)^{-1} \tag{5.9}$$

例題 5.2 一次遅れ+むだ時間プロセス $(y(s)/u(s)) = G_P(s) = (K_P/(1+\tau_P s))e^{-\tau_d s}$ を対象として，IMC のコントローラを設計せよ。

ただし，プロセスのモデルとして $(y_M(s)/u(s)) = G_M(s) = (K_M/(1+\tau_M s))e^{-\tau_{dM} s}$ が得られているとする。

【解答】 $G_{M-}(s) = (K_M/(1+\tau_M s))$ と $G_{M+}(s) = e^{-\tau_{dM} s}$ とに分解する。任意の周波数 ω に対して，$|G_{M+}(\omega)| = |e^{-\tau_{dM}\omega}| = 1$ は満たしている。

この分解を使って，コントローラを $Q(s) = (1/(1+\alpha s))((1+\tau_M s)/K_M)$ と設計する。 ◇

例題 5.3 非最小位相系のプロセス $(y(s)/u(s)) = G_P(s) = (K_P(1-\tau_3 s)/(1+\tau_1 s)(1+\tau_2 s))$ を対象として，IMC のコントローラを設計せよ。

ただし，プロセスのモデルとして $(y(s)/u(s)) = G_M(s) = (K_M(1-\tau_{M3} s)/(1+\tau_{M1} s)(1+\tau_{M2} s))$ が得られているとする。

【解答】 モデル $G_M(s)$ を $G_{M-}(s) = K_M(1+\tau_{M3} s)/(1+\tau_{M1} s)(1+\tau_{M2} s)$ と $G_{M+}(s) = (1-\tau_{M3} s)/(1+\tau_{M3} s)$ とに分解する。任意の ω に対して，$|G_{M+}(\omega)| = 1$ が成り立っている。

この分解を使って，コントローラを設計するとつぎのようになる。

$$Q(s) = \frac{1}{(1+\alpha s)} \frac{(1+\tau_{M1} s)(1+\tau_{M2} s)}{K_M(1+\tau_{M3} s)}$$

◇

---

† $G(s)$ の系に振幅 1，周波数 ω の正弦波を入力したときの出力の波の振幅が $|G(\omega)|$ である。天下り的な説明だが，伝達関数の s に $j\omega$ を代入し，実数部と虚数部の二乗和の平方根をとり計算できる[20]。

5.2　内部モデル制御と PID 制御

内部モデル制御（IMC）の制御構造（図 5.2）のブロック線図を変形すると，図 5.3 のように通常のフィードバック制御構造のブロック線図となる。このとき，コントローラ $Q(s)$ と図 5.3 のコントローラ $G_c(s)$ の間には，つぎの等価関係が成り立つ。

$$G_c(s) = \frac{Q(s)}{1 - Q(s)G_M(s)} \tag{5.10}$$

$$Q(s) = \frac{G_c(s)}{1 + G_c(s)G_M(s)} \tag{5.11}$$

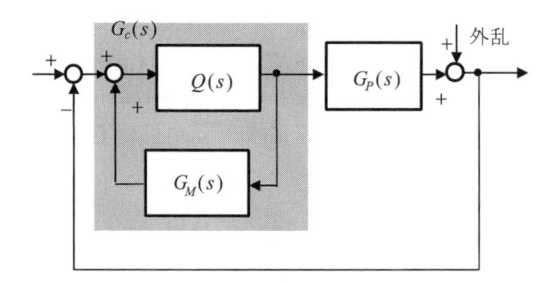

図 5.3　内部モデル制御と等価なフィードバック制御構造

例題 5.4　例題 5.1 で設計した内部モデル制御系と等価なフィードバック構造の $G_c(s)$ を求めよ。

【解答】　式 (5.10) に $Q(s) = ((1+\tau_M s)/K_M)(1/(1+\alpha s))$ を代入する。
$$G_c(s) = \frac{(1+\tau_M s)}{K_M}\frac{1}{\alpha s} = \frac{\tau_M}{\alpha K_M}(1 + \frac{1}{\tau_M s})$$

$G_c(s)$ は，設定値と制御量のずれ $(r(s) - y(s))$ からどのように操作量 $u(s)$ を決めるかを示す伝達関数である。これは比例ゲイン $(\tau_M/\alpha K_M)$，積分時間 τ_M の PI コントローラの伝達関数にほかならない。　　　　　　　　　　　　　　◇

5.2 内部モデル制御と PID 制御

例題 5.5 二次遅れ系 $G_M(s) = (K_M/(1+\tau_{M1}s)(1+\tau_{M2}s))$ でモデル化されたプロセスの内部モデル制御を設計せよ。さらに，$F(s) = 1/(1+\alpha s)$ とした場合，そのコントローラは，PID コントローラと等価となることを示せ。

【解答】 内部モデル制御のコントローラ $Q(s)$ は

$$Q(s) = F(s)G_M(s)^{-1} = \frac{1}{1+\alpha s}\frac{(1+\tau_{M1}s)(1+\tau_{M2}s)}{K_M}$$

と設計される。

式 (5.10) を使うと，等価なフィードバックコントローラ $G_c(s)$ は

$$G_c(s) = \frac{\tau_{M1}+\tau_{M2}}{K_M\alpha}(1+\frac{1}{(\tau_{M1}+\tau_{M2})s}+\frac{\tau_{M1}\tau_{M2}s}{\tau_{M1}+\tau_{M2}})$$

と PID コントローラとなる。 ◇

式 (5.10) の関係を使うことにより，表 **5.1** に示すように，さまざまな系において，その内部モデル制御のコントローラは，PID コントローラに等価変換することができる。

表 **5.1** 内部モデル制御による PID コントローラの設計

モデル	比例ゲイン	積分時間	微分時間
$\dfrac{K_P}{1+\tau_P s}$	$\dfrac{\tau_P}{\alpha K_P}$	τ_P	-
$\dfrac{K_P}{(1+\tau_{P1}s)(1+\tau_{P2}s)}$	$\dfrac{\tau_{P1}+\tau_{P2}}{\alpha K_P}$	$\tau_{P1}+\tau_{P2}$	$\dfrac{\tau_{P1}\tau_{P2}}{\tau_{P1}+\tau_{P2}}$
$\dfrac{K_P}{1+2\zeta\tau s+\tau^2 s^2}(\zeta<1)$	$\dfrac{2\zeta\tau}{\alpha K_P}$	$2\zeta\tau$	$\dfrac{\tau}{2\zeta}$
$\dfrac{K_P}{s}$	$\dfrac{1}{K_P\alpha}$	-	-
$\dfrac{K_P(1-\tau_p s)}{1+2\zeta\tau s+\tau^2 s^2}$	$\dfrac{2\zeta\tau}{(\alpha+\tau_p s)K_P}$	$2\zeta\tau$	$\dfrac{\tau}{2\zeta}$zz

一般に，むだ時間をもつプロセス $G_P(s)e^{-\tau s}$ に対するコントローラとして，図 **5.4** のブロック線図で表される**スミス補償器**が使われる。むだ時間プロセスでは，制御変数に現れる操作変数 $(u(s))$ の影響がむだ時間分 $e^{-\tau s}$ だけ遅れる。影響が現れてから操作変数を動かしていたのでは遅すぎる。そのため，むだ時間に相当する時間だけ将来の制御変数の値をプロセスの伝達特性 $G_P(s)$ のモデル $G_M(s)$ を使って $G_M(s)u(s)$ と予測し，コントローラにフィードバックする形になっている。一方で，遅れて制御変数に現れる操作変数の影響を $G_M(s)e^{-\tau_M s}$ で推算して，観測信号より差し引くことで，先に計算したむだ時間分だけ先の制御変数の値と外乱信号とをフィードバックするという形になっている。

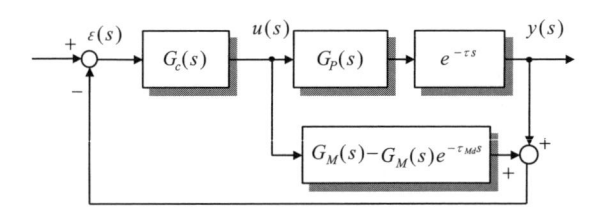

図 5.4 スミス補償器

モデル誤差がないとき $(G_P(s)e^{-\tau s} = G_M(s)e^{-\tau_M d s}$ のとき)，プロセスの設定値 $r(s)$ から制御変数 $y(s)$ への伝達関数を計算するとつぎのようになる。

$$y(s) = \frac{G_P(s)G_c(s)}{1 + G_P(s)G_c(s)} e^{-\tau s} r(s) \tag{5.12}$$

例題 5.6 むだ時間プロセスのコントローラを内部モデル制御系で設計する (図 **5.5**(a))。この制御系と等価な図 **5.5**(b) のようなブロック線図を描いた場合，図中の $G_c(s)$ と $F(s)G_M(s)^{-1}$ との間に成り立つ関係式を求めよ。もし，プロセスが一次遅れ＋むだ時間として，$G_M(s)e^{-\tau_M d s} = (K_M/(1+\tau_M s))e^{-\tau_M d s}$ と表現されたとき，$F(s) = (1/(1+\alpha s))$ を使った内部モデル制御系はスミス補償器と PI コントローラを用いた制御系と等価となることを示せ。

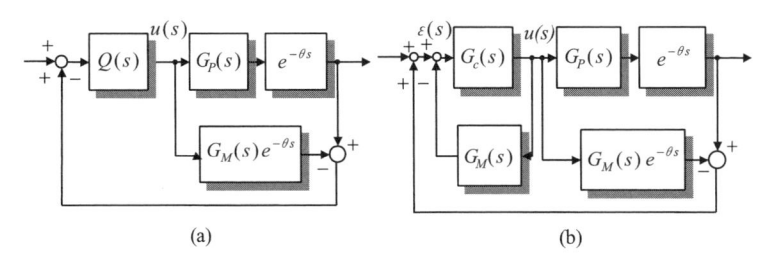

図 5.5 内部モデル制御とスミス補償器

【解答】 簡単なブロック線図の等価変換で，図 5.5(b) と図 5.4 が等価であることがわかる。図 5.5 の (a)(b) 両者のコントローラ間の関係を明らかにすれば，スミス補償器との関連も明確になる。(a)(b) 両者のコントローラ間に次式が成り立つ。

$$Q(s) = F(s)G_M^{-1} = \frac{G_c(s)}{1 + G_c(s)G_M(s)}$$

$$G_c(s) = \frac{Q(s)}{1 - Q(s)G_M(s)} = \frac{F(s)G_M^{-1}}{1 - F(s)}$$

この関係式に

$$G_M(s) = \frac{K_M}{1 + \tau_M s}$$

を代入すると

$$G_c(s) = \frac{\tau_M}{\alpha K_M}(1 + \frac{1}{\tau_M s})$$

と PI 制御系と等価となる。

図 5.4 のスミス補償器との等価性から，この内部モデル制御系はスミス補償器と PI コントローラを用いた制御系に等価となることがわかる。 ◇

5.3 安定性

操作変数をステップ状に変化させるのではなく，正弦波（sin 関数）状に変化させ，その応答から動特性を把握することもできる。通常，操作変数を正弦波状に変化させた場合，制御変数は正弦波状に動く。ただし，その振幅は変化し，最大振幅が出力に現れる時刻は入力が最大振幅をとる時刻とは異なる。すなわ

ち，位相がずれる。蓄積量（capacity）をもつ化学プロセスの動特性には必ず位相の遅れが見られる。図 5.6 は，液レベル制御の例題で示した一次遅れ系のタンクと一次遅れ＋むだ時間系のタンクに，正弦波状に変化する操作量（入力）を加えたときの液レベル（出力）の動きをそれぞれ描いている。

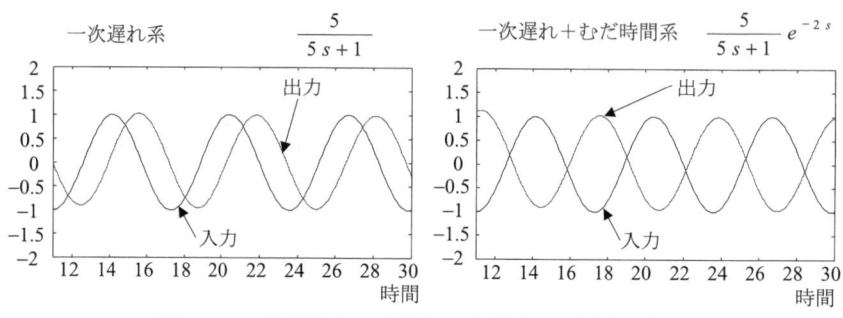

一次遅れ系　$\dfrac{5}{5s+1}$　　　一次遅れ＋むだ時間系　$\dfrac{5}{5s+1}e^{-2s}$

図 5.6　一次遅れと一次遅れ＋むだ時間の周波数応答

図 5.7 は，P，PID コントローラに入力される偏差信号が正弦波状にゆれたとき，コントローラの出力となる操作量がどのように動くかを示している。これらのコントローラの場合，入力が偏差信号，出力が操作量になっている。P コントローラでは，入力と出力は位相がずれない。コントローラは人為的に作るものであり，比例要素 P のみならずさまざまな要素を組み合わせることにより，位相を早めたり遅らせたりすることが可能となる。

このようにプロセスやコントローラに正弦波状の入力を加えると，その出力の振幅や位相は変化する。ただし，この位相の遅れや最大振幅の変化の大きさ

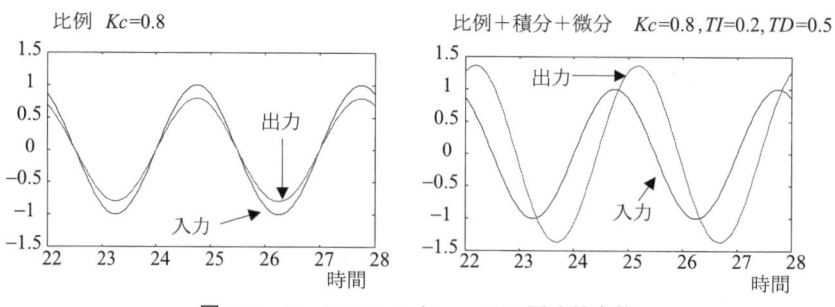

比例　$Kc=0.8$　　　　比例＋積分＋微分　$Kc=0.8, TI=0.2, TD=0.5$

図 5.7　P，PID コントローラの周波数応答

は，入力として加える正弦波の周波数に応じてそれぞれ異なる。したがって，いろいろな周波数の正弦波を加えてみて，はじめて対象とするプロセスの特性がわかる。いろいろな周波数の正弦波を加え，その振幅の変化率と位相の変化量を測定することをプロセスの**周波数応答**（frequency response）の計測といい，振幅の変化率と位相の変化量をプロットしたものに**ボード線図**（Bode plot）や図 5.8 に示すような**ナイキスト線図**（Nyquist plot）と呼ばれる線図がある。ナイキスト線図は，正弦波の周波数 ω を $-\infty$ から ∞ まで変えて入力したとき，各周波数で得られる振幅の変化率を原点からの距離で，位相を原点を中心に時計回りに水平軸（実軸）からの角度でプロットした線図である。

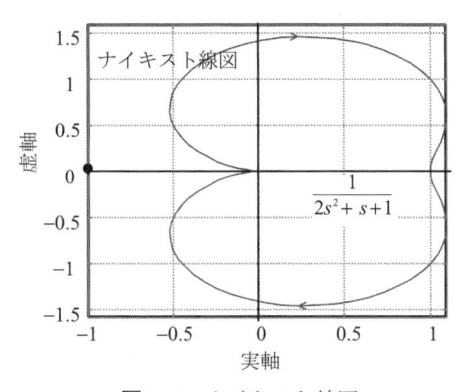

図 5.8　ナイキスト線図

いま，設定値 r で制御変数が定常に保たれていた状態から，外乱により，図 5.9 に示したように，ある周波数をもって制御変数が正弦波状に揺れたとしよう。偏差は設定値から制御変数の値を差し引いて求まることから，図のように制御変数の波とは偏差は符号が反転する（位相が −180 度ずれる）。この偏差から操作量が計算される。このとき，操作量の振幅や位相は制御アルゴリズムに応じて，偏差信号のもつ位相からずれる。さらに，その操作量がプロセスに加えられることによって現れる制御変数の値の振幅や位相は，操作量の位相からさらに変化する。偏差信号からコントローラ，プロセスを経て制御変数に至る間に生ずる位相のずれの総計が，もし −180 度であるとすると，正弦波状に変化した制御変数は，偏差計算，コントローラ，プロセスを経て一周期ずれる。こ

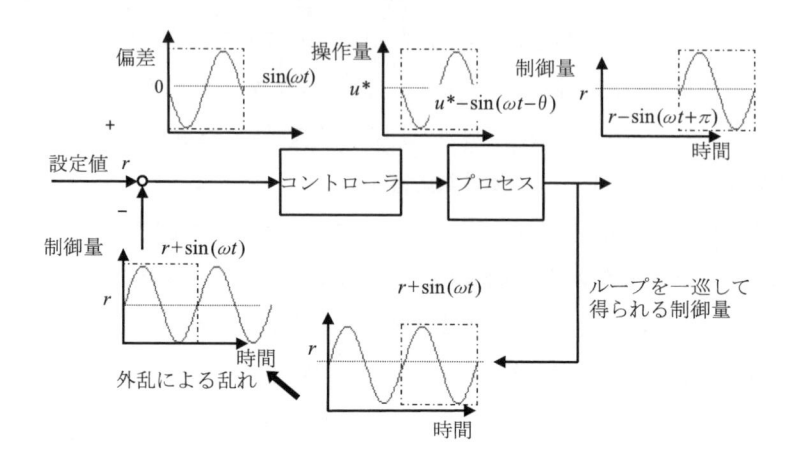

図 5.9　閉ループ系の安定性

のとき振幅の変化率が 1 であると，最初の正弦波となんら変わらない波となり，再び偏差，操作量が計算されプロセスに加えられるという現象が続き，永遠に制御変数は振動したままとなる．もし万が一，振幅の変化率が 1 より大きいとすると，最初の正弦波は，コントローラ，プロセスを経て再びコントローラに戻って来たとき増幅された正弦波になり，ループを巡るにつれてますます増幅され，最後には発散してしまう．

このように制御系を一巡することによって，波の位相のずれが -360 度で振幅の変化率が 1 以上になってしまうと制御系は発散してしまう．逆にいえば，安定な制御系を設計するには，コントローラとプロセスを経て生ずる位相のずれが -180 度（ラジアンで π）のところで振幅が 1 より小さくなるようにしなければならない（安定性の条件：stability condition）．

偏差信号がコントローラに加わり操作量として現れたときの振幅の変化率を A_c，位相の遅れを $\angle \phi_c$，プロセスを経て生じる振幅の変化を A_p，位相の遅れを $\angle \phi_p$ とすると，**安定性の条件**は
$\angle \phi_c(\omega) + \angle \phi_p(\omega) = -\pi$ を満たす ω において

$$| A_c(\omega) A_p(\omega) | < 1 \tag{5.13}$$

を満たすこととなる[†]。

先のナイキスト線図では，$(-1,0)$ の点の角度が -180 度 (ラジアンで $-\pi$) であるため，コントローラとプロセスが直列につながれた要素 (一巡伝達関数と呼ばれる) への入力信号の周波数を $-\infty$ から ∞ の範囲で変化させ，求まる周波数応答の線図が負の実軸を横切る際，$(-1,0)$ を左にみて横切ることが先に述べた安定条件に相当する（図 **5.8**）。

5.4　内部モデル制御系の安定性と制御性

図 **5.3** の閉ループ伝達関数を求めると

$$\frac{y(s)}{r(s)} = \frac{G_c(s)G_P(s)}{1+G_c(s)G_P(s)} \tag{5.14}$$

となる。

このとき

$$1+G_c(s)G_P(s) = 0$$

は**特性方程式**と呼ばれ，この方程式の根の値が制御系の安定性を決める。根の実部が負であれば安定，正であれば不安定となる。前節で学んだ Nyquest の安定条件は，周波数 ω での，コントローラの振幅 A_c は $|G_c(\omega)|$，位相は $\angle G_c(\omega)$，プロセスの振幅 A_p は $|G_P(\omega)|$，その位相は $\angle G_P(\omega)$，となることを使うとつぎのように表せる。

$\angle G_c(\omega) + \angle G_P(\omega) = -\pi$ を満たす ω において

$$|G_c(\omega)G_P(\omega)| < 1 \tag{5.15}$$

を満たすとき，制御系が安定になる。

さて，式 (5.9) のように $Q(s) = F(s)/(G_{M-}(s))$ としてコントローラを設計した場合の内部モデル制御の閉ループ伝達関数を見てみよう。

[†] この条件は，最小位相で安定であるプロセスに対して成り立つ。それ以外の系も対象とした一般的な安定条件は，古典的制御理論のナイキストの安定条件としてまとめられている。

$$\frac{y(s)}{r(s)} = \frac{G_P(s)\dfrac{F(s)}{G_{M-}(s)}}{1 + F(s)G_{M+}(s)\dfrac{(G_P(s) - G_M(s))}{G_M(s)}} \tag{5.16}$$

$$\frac{y(s)}{d(s)} = \frac{1 - G_{M+}(s)F(s)}{1 + F(s)G_{M+}(s)\dfrac{(G_P(s) - G_M(s))}{G_M(s)}} \tag{5.17}$$

このときの伝達関数の特性方程式は

$$\begin{aligned} 0 &= 1 + \frac{F(s)G_{M+}(s)(G_P(s) - G_M(s))}{G_M(s)} \\ &= 1 + F(s)G_{M+}(s)\Delta(s) \end{aligned} \tag{5.18}$$

となる。この方程式の中で

$$\Delta(s) := \frac{(G_P(s) - G_M(s))}{G_M(s)}$$

の項は，プロセスとモデルの相対誤差を表している。

特性方程式の形 $(1 + G_c(s)G_P(s))$ およびその安定条件式 (5.15) と，IMC の特性方程式 (5.18) とを見比べて，IMC の安定条件を $\angle F(\omega) + \angle G_{M+}(\omega) + \angle \Delta(\omega) = -\pi$ を満たす ω において，$|F(\omega)G_{M+}(\omega)\Delta\omega| < 1$ としてもよいが，特定周波数に限らず，任意の周波数に対して，次式が成り立つように $F(s)G_{M+}(s)$ を設計しておけば，制御系はモデル誤差 $\Delta(s)$ があっても十分安定となる[†]。

すなわち，任意の ω に対して

$$|F(\omega)G_{M+}(\omega)||\Delta(\omega)| < 1 \tag{5.19}$$

一般に，モデル誤差 $\Delta(s)$ は，図 **5.10** に記すように，低い周波数のところでは誤差は少なく，$|\Delta(\omega)|$ は小さい。高い周波数にいくほど，モデル誤差も著しくなり，$|\Delta(\omega)|$ は大きくなる。したがって，モデル誤差があっても制御系が安定になるためには，式 (5.19) をすべての周波数で満たすべく，図 **5.10** に

[†] 厳密な理論に関しては，制御理論の本のスモールゲイン定理を参考にされたい。

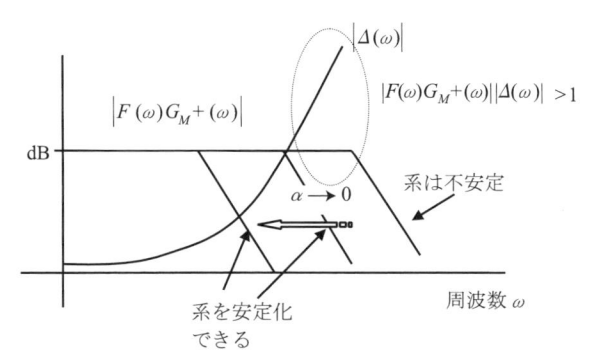

図 5.10 内部モデル制御の安定性と制御性

示すように $F(s)G_{M+}(s)$ を設計しなければならない. モデル誤差が大きくなると, $|\Delta(\omega)|$ はより低い周波数から大きくなり始める. さらに大きなモデル誤差に対して安定性を保証するには, フィルタ $F(s)$ の時定数 α をより大きくしなければならない. 時定数 α を大きくすることは, 式 (5.6) から明らかなように, 制御性 (応答の速応性) を犠牲にしていることがわかる. このように, モデルの誤差が存在しても制御系の安定性を保証すること (**ロバスト安定性**) と制御性を向上させることとはトレードオフの関係にあることが, 内部モデル制御の構造を通して明確に見ることができる.

5.5 その他のモデルベースド制御と PID 制御

モデルを使って制御系を設計する手法はモデルベースド制御手法と呼ばれる. IMC は, モデルとプロセスの伝達特性を区別し, コントローラの設計にモデルを直接使う, モデルベースド制御手法であった. 以下, モデルとプロセスの伝達特性を陽に区別していないモデルベースド制御手法を 2 種類紹介しておこう.

5.5.1 I-PD 制御

いま, 対象 (制御変数 y, 操作変数 u) の動特性が, つぎの微分方程式で表現されているとしよう.

$$\frac{d^3y}{dt^3} + a_2\frac{d^2y}{dt^2} + a_1\frac{dy}{dt} + a_o y = b_o u \tag{5.20}$$

この微分方程式の係数が異なれば，当然対象系の挙動は異なったものになる。したがって，制御対象の応答特性を改善したければ，コントローラにより，この方程式の係数を変えてやればよい。そこで，制御変数 y の設定値を r として，式 (5.20) の入力変数 u を

$$u = v - \left(\Delta a_o y + \Delta a_1\frac{dy}{dt} + \Delta a_2\frac{d^2y}{dt^2}\right) \tag{5.21}$$

のように決めるコントローラを設計したとしよう，これを式 (5.20) に代入すると

$$\frac{d^3y}{dt^3} + (a_2 + b_o\Delta a_2)\frac{d^2y}{dt^2} + (a_1 + b_o\Delta a_1)\frac{dy}{dt} + (a_o + b_o\Delta a_o)y = b_o r \tag{5.22}$$

のように変更できる。ここで $v = r$ とする。

式 (5.22) から明らかなように，式の元の係数がどうあろうとも，$\Delta a_o, \Delta a_1,$ Δa_2 を適当に選ぶことによって，微分方程式の係数をどのようにでも変えることができる。いい換えれば制御対象の動的な挙動が自由に変えられる。入力変数 u を，出力値 y およびその時間微分値に係数をかけて決めていることから，明らかに設計したコントローラは，フィードバック制御を行っていることになる。

しかし，式 (5.22) で微分項をすべてゼロとおいた定常状態を考えると，出力の定常状態 y は設定値 r に等しくならない。すなわち，このままのフィードバック制御法では，設定値変更に対してはオフセットが残ってしまう。このオフセットを消すために，$v = r$ とするのではなく

$$\frac{dv}{dt} = ke, \qquad e = r - y \tag{5.23}$$

とすると，対象の微分方程式は

5.5 その他のモデルベースド制御と PID 制御

$$\frac{d^4y}{dt^4} + (a_2 + b_o\Delta a_2)\frac{d^3y}{dt^3} + (a_1 + b_o\Delta a_1)\frac{d^2y}{dt^2}$$
$$+(a_o + b_o\Delta a_o)\frac{dy}{dt} + b_o ky = b_o kr \tag{5.24}$$

となり，定常状態 ($\frac{d^i y}{dt^i} = 0 \quad i = 1,\cdots,n$) で $y = r$ となり，オフセットがなくなる。

この制御系のブロック線図は，図 5.11 のようになる。図からも明らかなように設定値変更に対しては積分が先行している。この構造からこの制御方式は **I-PD 制御**と呼ばれる [13]。

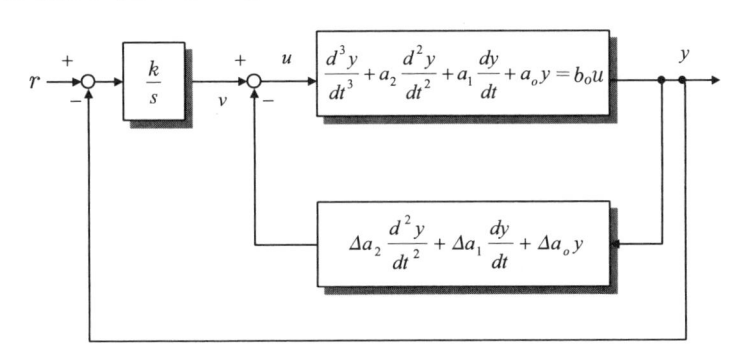

図 5.11 I-PD 制御

例題 5.7 伝達関数が一次遅れ系で表される制御対象

$$\frac{y(s)}{u(s)} = \frac{K}{1 + a_1 s}$$

に対して，その操作量を

$$u = v - \{\Delta a_o y + \Delta a_1 \frac{dy}{dt}\}$$
$$v = K_c \int (r - y(t))dt$$

に従って動かし，制御変数 y が設定値 r に対して $(1/(1+\alpha s))$ となる動特性を持つようにしたい。$\Delta a_o, \Delta a_1$ と K_c の値を求めよ。

【解答】 制御変数 y と設定値 r 間の伝達特性は

$$(1 + K\Delta a_o)y + (a_1 + K\Delta a_1)\frac{dy}{dt} = K_c K \int (r - y)dt$$

両辺をさらに微分して y について整理すると

$$y + \frac{1 + K\Delta a_o}{K_c K}\frac{dy}{dt} + \frac{a_1 + K\Delta a_1}{K_c K}\frac{d^2 y}{dt^2} = r$$

となる。

これより, $\Delta a_1 = -(a_1/K)$, K_c と Δa_o は, $(1 + K\Delta a_o)/(K_c K) = \alpha$ を満たすように設定することにより, 希望の伝達特性が実現できる。 ◇

5.5.2 一般モデル制御　GMC

リー (Lee) とサリバン (Sullivan) は, モデルベースの1種として, 非線型系をも対象としたつぎのような**一般モデル制御** (Generic Model Control：GMC) を提案した[15]。

制御対象は, 一次の非線形な微分方程式で記述されるとする。

$$\frac{dy}{dt} = f(y, u, d) \tag{5.25}$$

ここで, y は出力, u は入力, d は外乱を意味する。

設定値を r とし, r へ漸近するような応答軌道 y_r (参照軌道) をつぎのように定める。

$$y_r(s) = \frac{K_1 s + K_2}{s^2 + K_1 s + K_2} r \tag{5.26}$$

これを時間領域で表すと次式のようになる。

$$\frac{dy_r}{dt} = K_1(r - y_r) + K_2 \int_0^t (r - y_r)dt \tag{5.27}$$

操作量を出力 y が参照軌道 y_r に一致するように決めたい。仮に, $y = y_r$ が成り立つとして, 上式の左辺に式 (5.25) を代入すると次式が導かれる。

$$f(y, u, d) = K_1(r - y) + K_2 \int_0^t (r - y)dt \tag{5.28}$$

この式を満たすように, 操作変数である u を決めていけば, 出力は, 式 (5.26)

5.5 その他のモデルベースド制御とPID制御

で描く参照軌道 y_r に沿って設定値 r に漸近するはずとなる．これが，GMC の基本的考え方である．

現実に操作量を決める際には，測定値 y を使う．プロセスの $f(y,u,d)$ は，現実にはわからず，そのモデル $f_M(y,u,d_M)$ を用いて計算することになる．すなわち，次式で操作量を決める．

$$f_M(y,u,d_M) = K_1(r-y) + K_2 \int_0^t (r-y)dt \tag{5.29}$$

この考え方は，対象を線形として表現できる場合は，PID コントローラの設計法として活かすことができる．

例題 5.8 線形な二次遅れ系で表されるプロセスを対象として GMC を設計する．参照軌道を $K_2=0$ とした場合，設計されたコントローラは，PID コントローラとなることを示せ．

【解答】 対象のモデルとして

$$\tau^2 \frac{d^2 y}{dt^2} + 2\zeta\tau \frac{dy}{dt} + y = Ku$$

が与えられているとする．式 (5.26) で $K_2=0$ として，ここでは，参照軌道を

$$y_r(s) = \frac{K_1}{s+K_1} r$$

で与える場合，式 (5.27) に相当する式は，つぎのようになる．

$$\frac{dy_r}{dt} = K_1(r-y_r), \quad \frac{d^2 y_r}{dt^2} = K_1 \frac{d(r-y_r)}{dt}$$

$$y_r = K_1 \int (r-y_r)dt$$

$y = y_r$ を仮定して，上式をプロセスのモデル式に代入して次式が得られる．

$$\tau^2 K_1 \frac{d(r-y)}{dt} + 2\zeta\tau K_1(r-y) + K_1 \int (r-y)dt = Ku$$

GMC は上式を満たすように操作量 u を決める．このとき，$r-y_r=e$ は偏差に相当し，操作量を決める式はつぎのように書き直すことができる．

$$u(t) = \frac{2\zeta\tau K_1}{K} \{e(t) + \frac{1}{2\zeta\tau} \int_0^t e(t)dt + \frac{\tau}{2\zeta} \frac{de(t)}{dt}\}$$

これは PID コントローラに相当する。　　　　　　　　　　　　◇

******** 演習問題 ********

【1】 $F(s) = 1/(1-\alpha s)$ のラプラス逆変換を行い，$f(t)$ は時間が経つと発散することを示せ。(ただし，$\alpha > 0$ である)

【2】 $F(s) = \exp(Tds)y(s)$ をラプラス逆変換し，$f(t) = y(t+Td)$ と y を Td だけ進めた関数となることを示せ。

【3】 式 (5.12) を導出せよ。

【4】 例題 5.2 で考えた一次遅れ＋むだ時間プロセスのむだ時間を

$$e^{-\tau_{Md}s} \sim \frac{1 - \frac{\tau_{Md}}{2}s}{1 + \frac{\tau_{Md}}{2}s}$$

と近似したモデルを使って，フィルタ次数 $n=1$ の IMC 制御系を設計した場合，その制御系と等価なフィードバック制御系のコントローラは，PID コントローラとなることを示せ。

【5】 伝達関数が

$$\frac{y(s)}{u(s)} = \frac{K}{1 + a_1 s + a_2 s^2}$$

で表現される制御対象に対して，その操作量を

$$u = v - \left(\Delta a_o y + \Delta a_1 \frac{dy}{dt} + \Delta a_2 \frac{d^2 y}{dt^2} \right)$$
$$v = K_c \int (r - y(t)) dt$$

に従って動かし，制御変数 y が設定値 r に対して $1/(1+\alpha s)$ となる動特性をもつようにしたい。Δa_1 と Δa_2 の値を求めよ。

コントローラの設計 2
－多重ループ制御－

本章では，フィードフォワード，カスケード制御，多重ループ制御など，複数ループ系の制御系設計論について学ぶ．特に多重ループ制御系では，制御ループのペアリングの選定手法として RGA 法について学び，その後，各ループの PI コントローラのチューニング手法の一つである最大 Log モジュラス法（Biggest Log Modulus Tuning (BLT)）について学ぶ．

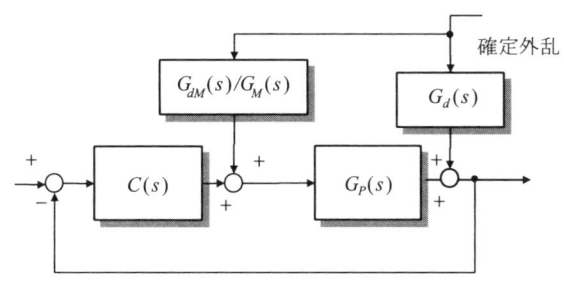

6.1 フィードフォワード制御と内部モデル制御

外乱が測定可能で，外乱から制御変数への伝達関数が既知の場合，フィードフォワード制御系が構成できる．図 **6.1** は，通常のフィードバック制御に，測定外乱に対するフィードフォワード制御系を付加した構造を表している．測定外乱値を $G_d(s)/G_M(s)$ の伝達関数に入力してフィードフォワード信号を計算し，フィードバックコントローラで計算される操作量に加算している．ここで

図 **6.1** フィードフォワード制御

測定可能な外乱を d_M とし，外乱から制御変数への伝達特性を $G_d(s)$，そのモデルを $G_{dM}(s)$ と表している．この構造で測定可能な外乱から制御変数への伝達関数はつぎのようになる．

IMC の枠組みで，フィードフォワード制御系を構成すると，図 6.2 のようになる．

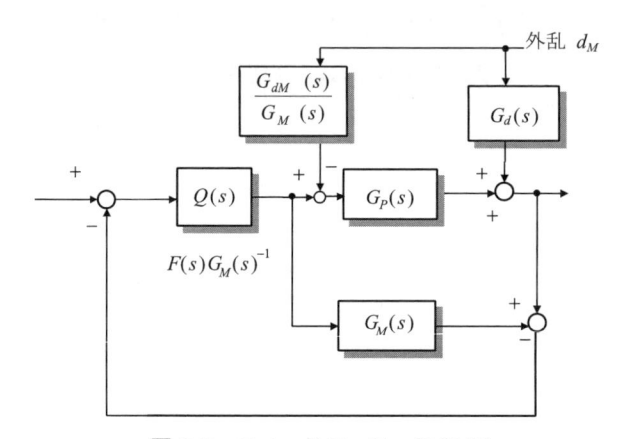

図 6.2　フィードフォワード IMC

このとき，測定可能な外乱から制御変数への伝達関数は次式のようになる．

$$y(s) = \frac{G_P(s)Q(s)}{1+Q(s)(G_P(s)-G_M(s))}r$$

$$+ \frac{(G_d(s)-\frac{G_P(s)G_{dM}(s)}{G_M(s)})(1-Q(s)G_M(s))}{1+Q(s)(G_P(s)-G_M(s))}d_M \quad (6.1)$$

$G_P(s) = G_M(s)$ かつ $G_d(s) = G_{dM}(s)$ の場合，上記の伝達関数は $y(s) = F(s)r$ になることは簡単な計算でわかる．

6.2　カスケード制御と内部モデル制御

図 2.12 で見たレベル制御のカスケード制御構造をブロック線図で表すと，図 6.3 のようになる．図中の u は流量を調節するバルブの開度，y_1 は流出量，G_{P1} はバルブの動特性を表す伝達関数，G_{P2} は流出量から液レベルへの動特性を表

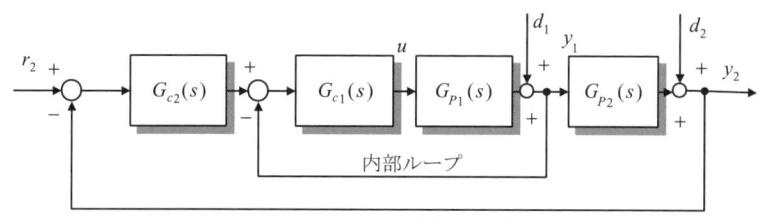

図 6.3 カスケード制御のブロック線図

す伝達関数，y_2 は液レベルの測定値を表している．

この図に示すように，カスケード制御の制御構造は二つのループから成り立っている．このカスケード制御系は，伝達関数 G_{P1}, G_{P2} がどのような特性のときに効果があるのであろうか？ コントローラ G_{c1}, G_{c2} を内部モデル制御の設計法で設計してみることにより，その答を探ろう．

カスケード制御構造をとらず，コントローラ G_{C1} をなくして，外側のコントローラのみを使って，流出量のバルブの開度 u を操作して液レベル y_2 を制御する制御構造 (図 **2.13**) を，内部モデル制御で行った場合 (図 **6.4**)，外乱 d_1, d_2 や設定値 r_2 から偏差信号 $e_2 := r_2 - y_2$ への伝達関数を求めるとつぎのようになる．ただし，モデル誤差はないとしている．

$$e_2 = (1 - G_{P1}G_{P2}Q)(r_2 - d_2 - G_{P2}d_1) \tag{6.2}$$

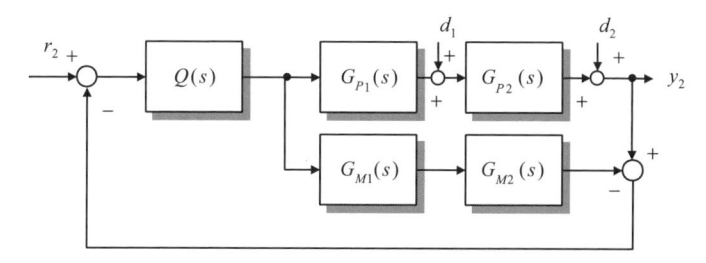

図 6.4 内部モデル制御法による制御

また，内と外のカスケード制御系のコントローラを，それぞれ内部モデル制御で設計した場合 (図 **6.5**) の伝達関数は，モデル誤差がない理想的な場合にはつぎのようになる[29]．

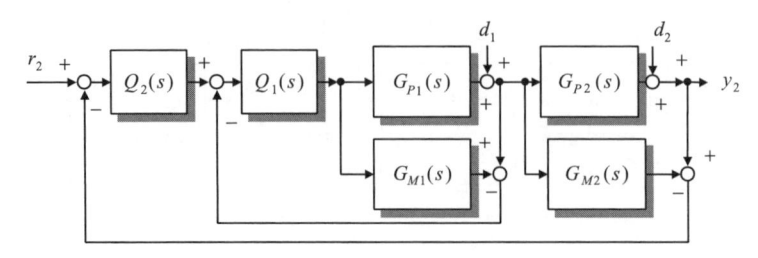

図 6.5 内部モデル制御法によるカスケード制御

$$e_2 = (1 - G_{P1}G_{P2}Q_1Q_2)(r_2 - d_2) - (1 - G_{P1}Q_1)G_{P2}d_1 \qquad (6.3)$$

$Q_1Q_2 = Q$ として，式 (6.2) と式 (6.3) を比較すると，外乱 d_2 と設定値 r_2 に対する制御性は，カスケード構造をとるとらないにかかわらず変わらない．カスケード制御構造をとる最大の効果は，外乱 d_1 に対する制御性であることがわかる．式 (6.2) と式 (6.3) から d_1 から偏差への伝達関数だけ取り出し，さらに比較してみよう．

$$e_2 = -(1 - G_{P1}G_{P2}Q)G_{P2}d_1 \qquad (6.4)$$

$$e_2 = -(1 - G_{P1}Q_1)G_{P2}d_1 \qquad (6.5)$$

コントローラをそれぞれ

$$Q = \frac{F(s)}{G_{P1}G_{P2}} \qquad (6.6)$$

$$Q_1 = \frac{F(s)}{G_{P1}} \qquad (6.7)$$

と設計できるならば，外乱 d_1 から偏差への伝達関数は同じものになる．逆にいえば，G_{P2} の伝達関数が単純に逆関数をとれないような系であるとき，例えば，むだ時間や非最小位相系であるときはじめて，カスケード制御構造をとる価値がでてくることがわかる．

6.3 多重ループ制御

プロセス制御では扱う対象は，基本的にはどれも多変数制御系である．多変数系に対してその簡易さから最も広く適用されるのが多重ループ制御構造であ

ろう。ただし，この制御構造の最大の問題は，**例題 2.5** でも見たように，どの制御変数をどの操作変数で制御するかの決定をいかに行うかにある。

6.3.1 干渉指数

制御変数が 2 変数以上あるとき，操作変数の選び方によって，一方の制御変数を制御するための操作がほかの制御変数にも影響を与える。例えば，図 **6.6** のような 2 種類の液をライン上で混合して，ある濃度にするプロセスでは，一定の濃度となるようにバルブ 1 を動かし，流量 v_1 を操作すると，全流量 v_3 が変化する。v_3 を設定値に戻すためには，バルブ 2 を動かし，流量 v_2 を変えなければならない。このような相互作用を**干渉** (interaction) と呼ぶ。

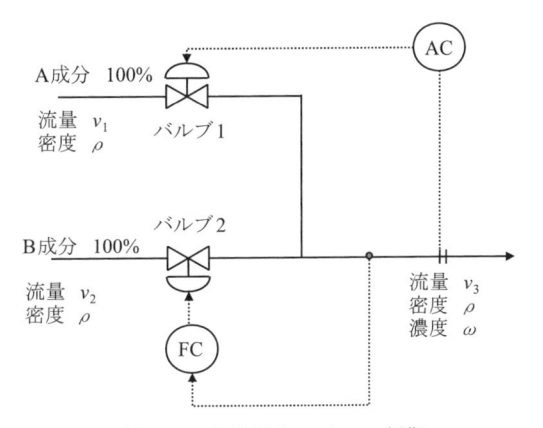

図 **6.6** 液体混合ラインの制御

多重ループ構造では，選択した制御変数をどの操作変数で制御するか決めなければならない。これをペアリングという。ペアリングは，基本的には操作変数と制御変数間の動特性のよさで決められる。例えば，ある制御変数を制御するために二つの操作変数があったとしよう。制御変数のそれぞれの操作変数に対する応答が，時定数が小さいものと大きいものでは，時定数が小さい操作変数を選択すべきであろう。また，応答のゲインが大きいものと小さいものでは，大きいものを選ぶであろう。さらに，ペアリングの一つの基準となるのがループ間の干渉である。当然，制御系の干渉の小さいペアリングが好ましい。ここ

で，干渉の大きさを評価する指標のいくつかを学んでおこう．

いま，制御変数として $y_1, y_2, ..., y_n$，操作変数として $u_1, u_2, ..., u_n$ があり，それぞれの変数間には伝達関数で表現するとつぎの入出力関係が成り立っているとしよう．

$$y_1 = G_{P11}(s)u_1 + G_{P12}(s)u_2 + ... + G_{P1n}(s)u_n$$
$$y_2 = G_{P21}(s)u_1 + G_{P22}(s)u_2 + ... + G_{P2n}(s)u_n$$
$$\vdots$$
$$y_n = G_{Pn1}(s)u_1 + G_{Pn2}(s)u_2 + ... + G_{Pnn}(s)u_n \tag{6.8}$$

〔1〕 ニーダレンスキー指標

制御変数 y_i を操作変数 u_i を使って，多重ループ構造で制御したとき(各ループには必ず積分器がはいっているという前提で)，その制御系が安定であるための必要条件は，つぎの Niederlinski Index と呼ばれる指標が正であることが証明されている．

$$NI = \frac{Det[K_P]}{\prod_{j=1}^{n} K_{Pjj}} \tag{6.9}$$

ここで，K_P は，n 入力 n 出力のゲイン行列である．K_{Pij} は，j 入力から i 出力への伝達関数の定常ゲイン $G_{Pij}(0)$ に等しい．

この指標が負であれば，コントローラをどのように取ろうとも制御系は不安定になる[25]．

例題 6.1 制御変数と操作変数のゲイン行列が

$$\begin{bmatrix} y_1 \\ y_2 \end{bmatrix} = \begin{bmatrix} 12.8 & -18.9 \\ 6.6 & -19.4 \end{bmatrix} \begin{bmatrix} u_1 \\ u_2 \end{bmatrix}$$

のプロセスがある．このプロセスにおいて，y_1 を u_1 で，y_2 を u_2 で制御する多重ループ制御系 (case 1) と y_1 を u_2 で，y_2 を u_1 で制御する多重

ループ制御系 (case 2) の設計を考えた場合の Niderlinski 指標 (NI) を計算せよ．

【解答】
- (Case 1)
$$[K_P] = \begin{bmatrix} 12.8 & -18.9 \\ 6.6 & -19.4 \end{bmatrix}$$
$$NI = \frac{(12.8)(-19.4) - (-18.9)(6.6)}{(12.8)(-19.4)} = 0.498$$

- (Case 2)
$$[K_P] = \begin{bmatrix} -18.9 & -12.8 \\ -19.4 & 6.6 \end{bmatrix}$$
$$NI = \frac{(-18.9)(6.6) - (-12.8)(-19.4)}{(-18.9)(6.6)} = -0.991$$

したがって，Case 2 のペアリングでは，不安定な制御系しかできないことがわかる． ◇

〔2〕 相対ゲイン行列

同じく多重ループの制御構造をとるとき，制御変数と操作変数のペアリングの選び方を，ループ間の干渉の観点から行う指標に，**相対ゲイン行列**（Relative Gain Array：RGA）がある．この指標はつぎのような考え方に基づいて導かれている[27]．

説明を簡単にするため図 **6.7** のような 2 入力 2 出力系を考えてみよう．その

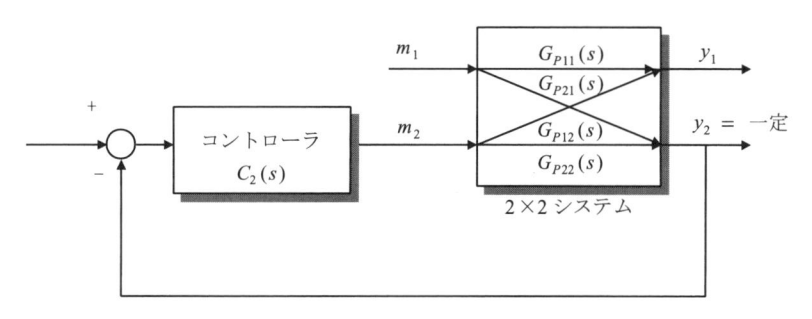

図 **6.7**　2 × 2 干渉系

系の伝達関数行列をつぎのように表す。

$$\begin{bmatrix} y_1(s) \\ y_2(s) \end{bmatrix} = \begin{bmatrix} G_{P11} & G_{P12} \\ G_{P21} & G_{P22} \end{bmatrix} \begin{bmatrix} u_1(s) \\ u_2(s) \end{bmatrix} \tag{6.10}$$

一つの制御変数 y_1 と操作変数 u_1 のペア間の動特性を考えた場合，もう一方のペアの制御ループの状況に応じて，動特性が異なってくる。すなわち，もう一方の制御ループを閉じたとき (フィードバック制御しているとき) と閉じてないとき (制御していないとき) とで，u_1 から y_1 への伝達関数はつぎのように異なる。

- $y_2 \iff u_2$ のペアの制御ループが閉じてないとき

$$G_{P11}(s) \tag{6.11}$$

- $y_2 \iff u_2$ のペアでフィードバック制御してるとき

$$G_{P11}(s) - \frac{G_{P21}(s)C_2(s)G_{P12}(s)}{1+C_2(s)G_{P22}(s)} \tag{6.12}$$

ここで，$C_2(s)$ は，$y_2 \iff u_2$ のペアのコントローラである。

他方の制御ループが閉じていてもいなくても動特性に差がなければ，ループ間の干渉が小さいといえる。したがって，一方の制御ループが閉じているときと閉じていないときの伝達特性の変化の割合を使って，ループ間の干渉を評価できる。それが RGA の基本的考え方である。すなわち

$$\frac{G_{P11}(s)}{G_{P11}(s) - \dfrac{G_{P21}(s)G_{P12}(s)}{\dfrac{1}{C_2(s)} + G_{P22}(s)}} \tag{6.13}$$

を評価指標と考える。

しかし，この指標のままでは，コントローラ $C_2(s)$ の関数になり，他方のループのコントローラ $C_2(s)$ が決まらない限り計算できない。そこで，他方のループのコントローラ $C_2(s)$ は制御性能を究極的に追求して設計されているとする。すなわち，すべての周波数で高ゲインなコントローラ，いい換えると $1/C_2$

〜 0 のコントローラを想定する†。このときの指標を $y_1 \iff u_1$ の relative gain(相対ゲイン)λ_{11} と定義すると,λ_{11} はつぎのようになる.

$$\lambda_{11} = \frac{G_{P11}(s)G_{P22}(s)}{G_{P11}(s)G_{P22}(s) - G_{P21}(s)G_{P12}(s)} \tag{6.14}$$

特に,s に $j\omega$ を代入して,周波数領域で計算するものは,**動的相対ゲイン** (dynamic relative gain) と呼ばれる.一般には,RGA という指標は,$s = 0$ の状態,すなわち定常ゲインに関して定義される.

以上の議論を $y_2 \iff u_2$ を対象のループにし,$y_1 \iff u_1$ を他方のループにして考えてみると,その $y_2 \iff u_2$ の relative gain(相対ゲイン)λ_{22} は

$$\lambda_{22} = \frac{G_{P11}(0)G_{P22}(0)}{G_{P11}(0)G_{P22}(0) - G_{P21}(0)G_{P12}(0)} = \lambda_{11} \tag{6.15}$$

となり,$y_1 \iff u_2$ を対象のループにし,$y_2 \iff u_1$ を他方のループにして考えてみると

$$\lambda_{12} = \frac{-G_{P12}(0)G_{P21}(0)}{G_{P11}(0)G_{P22}(0) - G_{P21}(0)G_{P12}(0)} = \lambda_{21} \tag{6.16}$$

となる.この指標を各ペアに対して行列形式で表現するとつぎのようになる.

	u_1	u_2
y_1	λ_{11}	$\lambda_{12} = 1 - \lambda_{11}$
y_2	$\lambda_{21} = 1 - \lambda_{22}$	λ_{22}

(6.17)

例題 6.2 図 6.6 の液体混合ライン (ライン 1:A 成分 100%,流量 v_1,ライン 2:B 成分 100%,流量 v_2) において,混合後の液の濃度と流量を制御変数とし,バルブ 1,2 の開度,すなわち,ライン 1 とライン 2 の流量を操作変数として多重ループ制御系を設計する.干渉の少ないペアリングを RGA により求めよ.

ただし,定常状態においては,流量にはつぎの物質収支が成り立つ.

---

† $y_2 = (C_2 G_{P2}/(1 + C_2 G_{P2}))r_2$ で C_2 を限りなく大きくすると,$y_2 = r_2$ となる.すなわち,制御変数 y_2 はつねに設定に r_2 に制御されている状態.

$$0 = \rho v_1 + \rho v_2 - \rho v_3$$

ここで，ρ は流体の密度〔$\mathrm{kg/m^3}$〕で組成によらず一定とする．$v_i (i = 1, 2, 3)$ は体積流量〔$\mathrm{m^3/s}$〕である．

【解答】 混合後の液での A 成分の濃度 w_A(重量 %) は

$$w_A = \frac{v_1}{v_1 + v_2}$$

一方，全流量は

$$v_3 = v_1 + v_2$$

となる．

バルブ 1 を操作して流量 v_1 を δv_1 変化させたとき，バルブ 2 を操作して流量 v_2 を δv_2 変化させたとき，それぞれの場合に混合液の A 成分濃度の変化量と全流量の変化量は

$$\frac{\delta v_3}{\delta v_1} = 1 \qquad \frac{\delta w_A}{\delta v_1} = \frac{v_2}{(v_1 + v_2)^2} = G_{11}(0)$$

$$\frac{\delta v_3}{\delta v_2} = 1 \qquad \frac{\delta w_A}{\delta v_2} = \frac{-v_1}{(v_1 + v_2)^2} = G_{12}(0)$$

となる．

これらの値を入出力間の伝達関数の定常ゲインとして相対ゲインを計算すると，つぎのようになる．

$$\lambda_{11} = \lambda_{22} = \frac{\dfrac{v_2}{(v_1 + v_2)^2}}{\dfrac{v_2}{(v_1 + v_2)^2} + \dfrac{v_1}{(v_1 + v_2)^2}} = +\frac{v_2}{v_1 + v_2} = 1 - w_A$$

$$\lambda_{12} = \lambda_{21} = w_A$$

混合液の A 成分の重量分率が 0.5〜1 のプロセスでは，濃度をバルブ 2 で，全流量をバルブ 1(A 成分を流すラインの流量) で制御する多重ループ構造が干渉が小さくなる．また，混合液の A 成分の重量分率が 0.5 以下のプロセスでは，逆に濃度をバルブ 1 で，全流量をバルブ 2 で制御する多重ループ構造が干渉が小さくなる． ◇

相対ゲインが 1 に近いペアほど干渉が少ない．したがって，相対ゲインが 1 に近いペアでフィードバックループを構成すれば，干渉の少ない多重ループ制

御系が設計できる。

n 入力 n 出力系のとき RGA はつぎのように計算される。対象系のゲイン行列がつぎのように与えられているとしよう。

$$\begin{bmatrix} y_1 \\ y_2 \\ \vdots \\ y_n \end{bmatrix} = \begin{bmatrix} K_{P11} & K_{P12} & \ldots & K_{P1n} \\ K_{P21} & K_{P22} & \ldots & K_{P2n} \\ \vdots & \vdots & \vdots & \vdots \\ K_{Pn1} & K_{Pn2} & \ldots & K_{Pnn} \end{bmatrix} \begin{bmatrix} u_1 \\ u_2 \\ \vdots \\ u_n \end{bmatrix} = K_P \boldsymbol{u}$$

この行列 K_P の逆行列を取り，さらにその転置行列 $(K_P^{-1})^t$ を求め，この行列と K_P 行列を成分ごとに掛け合わせることにより，それぞれのペアの相対ゲインが求められる。すなわち

$$\lambda_{ij} = (K_P^{-1})^t .* K_P \tag{6.18}$$

例題 6.3 5 入力 5 出力のプロセスがある[34]。入出力間の定常ゲインがつぎのようにわかっている。RGA を求めよ。

$$\begin{bmatrix} y_1 \\ y_2 \\ y_3 \\ y_4 \\ y_5 \end{bmatrix} = \begin{bmatrix} 4.05 & 1.77 & 5.88 & 1.20 & 1.44 \\ 5.39 & 5.72 & 6.90 & 1.52 & 1.83 \\ 5.92 & 2.54 & 8.10 & 1.73 & 1.79 \\ 4.06 & 4.18 & 6.53 & 1.19 & 1.17 \\ 4.38 & 4.42 & 7.20 & 1.14 & 1.26 \end{bmatrix} \begin{bmatrix} u_1 \\ u_2 \\ u_3 \\ u_4 \\ u_5 \end{bmatrix}$$

【解答】 MATLAB を使って，つぎの計算を行うことにより RGA を求めることができる。

```
Kp=[4.05,1.77,5.88,1.2,1.44;5.38,5.72,6.9,1.52,1.83;
    5.92,2.54,8.1,1.73,1.79;4.06,4.18,6.53,1.19,1.17;
    4.38,4.42,7.2,1.14,1.26];
inv(Kp)'.*Kp
```

$$
= \begin{bmatrix} -8.19 & -0.24 & 3.30 & 0.76 & 5.38 \\ 2.49 & 1.07 & -2.92 & -0.89 & 1.25 \\ 9.69 & -0.45 & -3.29 & -0.50 & -4.46 \\ -10.07 & 0.98 & 2.24 & 9.22 & -1.36 \\ 7.07 & -0.35 & 1.67 & -7.59 & 0.20 \end{bmatrix}
$$

◇

上述の例題を見てもわかるように3入力3出力以上の多変数系になると，RGAでの見通しが極端に悪くなる．場合によっては，相対ゲインが負のペアをとらざるを得ないときも出てくる．RGA の場合，負の指標のペアリングを行っても制御系が必ず不安定になるということにはならない．

6.3.2　多重ループ制御系の設計―最大 Log モジュラス法

ペアリングが決まった後は，各ループのコントローラを設計しなければならない．入出力がたがいに干渉し合う多変数系では，一つのループを閉じるとその影響がほかの入出力関係にも影響を与えるため，各ループにおけるコントローラの設計は単純ではない．さらに，$n \times n$ の入出力系で多重ループ制御系を PI コントローラで構成しようとすると，$2n$ 個のパラメータを，制御系の安定性を保証しつつ，かつ適切な応答特性を制御系がもつように定めなければならない．

ここでは，多重ループ制御系のコントローラの設計法の一つとして，リューベン (Luyben) らの**最大 Log モジュラス法** (BLT) を紹介する [17]．

$n \times n$ の多重ループ制御系で各ループの PI コントローラを BLT 法で設計するときの手順はつぎのようになる．

1. 対角要素の入出力間の**限界ゲイン** K_{ui} および**限界周波数** ω_{ui} を求める：対角要素 (i,i) の入出力を閉ループ化し，ほかの入出力は開ループとする．閉じたループは比例コントローラ K_c で制御する．コントローラの比例ゲイン K_c を徐々に増大させ，閉ループが発散する限界に達したときの比例ゲインを限界ゲイン K_{ui} とし，そのときの持続振動周期 P_u を読み

取り，限界周波数 ω_{ui} を求める ($\omega_{ui} = 2\pi/P_u$)[†]。対角要素の伝達関数モデル $G_{Mii}(s)$ が利用できる場合には，$\angle G_{Mii}(\omega) = -\pi$ となる周波数 ω_{ui} を求め，その周波数でのゲイン $|G_{Mii}(\omega_{ui})|$ を計算し，その逆数として限界ゲイン $K_{ui} = 1/|G_{Mii}(\omega_{ui})|$ が求まる。$i = 1,..,n$ と逐次変化させて上述の値を求める。

2. チューニングパラメータ α を使って，限界ゲイン K_{ui} と限界周波数を ω_{ui} から，入出力ループ i のコントローラの比例ゲイン K_{ci}，積分時間 T_{Ii} を求める。第 i ループ
$$K_{ci} = \frac{K_{ui}}{2.2\alpha}, \quad T_{Ii} = \frac{2\pi\alpha}{1.2\omega_{ui}} = \frac{P_u \alpha}{1.2}$$
α は，すべてのループに共通の値とし，具体的には，つぎの 3.～5. のステップを経て最適な値を求める。

3. 最大 Log モジュラス $L_{cmax}(\omega)$ を計算する。
$$L_{cmax}(\omega) = \max\{20\mathrm{Log}_{10}|\frac{W(\omega)}{1+W(\omega)}|\}$$
ここで，W はつぎのように定義される多変数系の Nyquist plot と呼ばれるものである。
$$W(\omega) = -1 + \mathrm{Det}[\boldsymbol{I} + \boldsymbol{G}_M(\omega)\boldsymbol{G}_c(\omega)]$$
$\boldsymbol{G}_c(\boldsymbol{s})$ は，対角要素に 1～2 のステップで求めたコントローラを入れた伝達関数行列，$\boldsymbol{G}_M(\boldsymbol{s})$ は対象の伝達関数行列である。

この $W(\omega)$ の値が $(-1, 0)$ に近ければ近いほど，系は不安定系に近づく。$W/(1+W)$ の値は，SISO 系の相補感度関数 $G_c G_P/(1 + G_c G_P)$ と同様な意味をもつと考え，そのピーク値 (L_{cmax}：最大モジュラスと呼ぶ) を整形することにより制御性能を調整する。

4. α を変化させ，$L_{cmax} = 2n$ となる α^* を求める。n はループ数であり，例えば 2×2 なら $L_{cmax} = 4\,\mathrm{dB}$，3×3 なら $L_{cmax} = 6\,\mathrm{dB}$ となる。

5. α^* を使って，比例ゲイン，積分時間を再決定する。

[†] この限界ゲイン K_{ui} と限界周期 P_u から，SISO 系での PID コントローラのパラメータを決定する手法が Ziegler-Nichols の**限界感度法**と呼ばれる手法である。例えば，PI コントローラでは比例ゲイン $K_c = K_{ui}/2.2$，積分時間 $T_I = 2\pi/1.2\omega_{ui}$ と求められる。

$$K_{ci}^* = \frac{K_{ui}}{2.2\alpha^*}, \quad T_{Ii} = \frac{2\pi\alpha^*}{1.2\omega_{ui}}$$

******** 演習問題 ********

【1】 例題 6.1 の系に対して RGA を求めよ。

【2】 図 6.6 において，混合液中の A 成分の重量分率 w_A と混合液流量 v_3 を制御するために，二つのラインの合計の流量 $v_1 + v_2$ とライン A の流量 v_1 の二つの量を操作変数として使うことにする。このときの RGA を求めよ。

【3】 図 6.8 に示すような圧縮機 (ガスの圧力を上げる装置) の制御系の設計を考える。ここでは，圧縮機に流すガス流量 v_g と圧縮後の圧力 P が制御変数となり，操作変数は循環ガスのバルブ開度 u_1 (ここでは循環ガス量と等価とみなす) と圧縮機の回転速度 u_2 である。つぎに記す圧縮機の特徴に注意し，相対ゲインを計算し干渉の少ないペアリングを求めよ[27]。

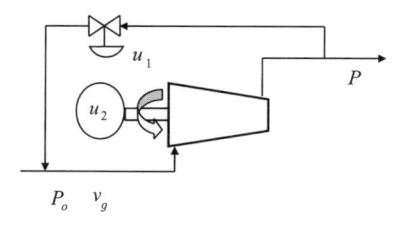

図 6.8 圧縮機の多重ループ制御

圧縮機では，低い流量で，高い圧縮比 (P/P_o) を実現しようとすると，一時的に圧力が減少し逆流が起こり不安定な現象 (サージ現象) を示す操作領域がある。それをサージ領域という (図 6.9)。今，サージ領域に近い点 (図中点 A) で，運転しているとしよう。$P(u_1, u_2), v_g(u_1, u_2)$ と圧力も流量もともに回転数と循環ガス量の関数となる。ただし，独立に変えられるのではなく，回転数 u_2 を一定にして，循環ガス流量 u_1 を増すと，流量 v_g が増すに伴い圧力 P は少し落ちる (図中点線)。一方，循環ガス流量を一定にして圧縮機回転速度を増すと，流量が増すに伴い圧力も上昇する (図中実線)。すなわち，定常状態においてつぎのような関数関係をもつ。また，流量 v_g はバルブ開度 u_1 と回転数 u_2 線形関数として近似できるとする。

$$P = a_1 - k_1 v_g \quad \text{ただし回転数 } u_2 \text{一定のとき}$$

演 習 問 題 147

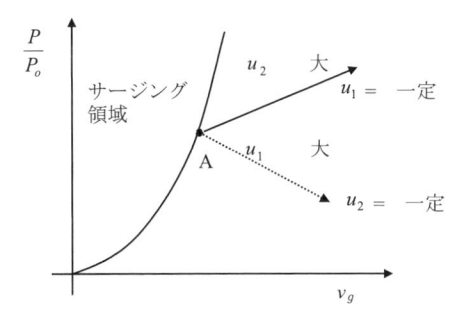

図 **6.9** 圧縮機の流量と圧縮比の関係

$P = a_2 + k_2 v_g$　ただし循環流量 u_1 一定のとき

$v_g = k_3 u_1 + k_4 u_2$

【4】 図 **4.23** の冷水・温水混合タンクにおいて，操作変数を冷水流入量 q_c と温水流入量 q_h とし，制御変数を液レベル h および温度 T としたときの RGA を求めよ．さらに RGA で選んだペアリングで，ステップ応答から伝達関数を求め多重ループ PI 制御系を設計し Simulink でシミュレーションせよ．

【5】 図 **4.24** の液相反応器において，操作変数を流入流量 F_i と流入 A 成分モル濃度 C_{Ai} とし，制御変数を液体積 V および反応器内 A 成分モル濃度としたときの系の RGA を求めよ．さらに RGA で選んだペアリングで，ステップ応答から伝達関数を求め多重ループ PI 制御系を設計し Simulink でシミュレーションせよ．

【6】 図 **4.25** の微生物反応器において，操作変数を流入基質濃度 C_{subin} と流入微生物濃度 C_{bioin} とし，制御変数を反応器内基質濃度 C_{sub}，微生物濃度 C_{bio} としたときの RGA を求めよ．さらに RGA で選んだペアリングで，ステップ応答から伝達関数を求め多重ループ PI 制御系を設計し Simulink でシミュレーションせよ．

【7】 エチレンをモノマとしポリエチレンを作る図 **6.10** のような気相重合反応器がある．反応器へのフィードは，モノマ (M_1)，コモノマ (M_2)，水素 (H_2)，不活性ガス (窒素 I) と触媒であり，ガス状態で反応器に供給される．モノマは反応し，触媒を取り囲む様にポリマ粒子ができ，リサイクルガスとフィードガスで流動化したそのポリマ粒子は，塔径が広がった反応器塔頂で流速が落とされ，未反応ガスと分離される．

未反応ガスは，塔頂からリサイクルガスとして，熱交換器で冷却されたのち反応器塔底に循環される．ポリマ粒子は塔底からバルブで抜き出される．ま

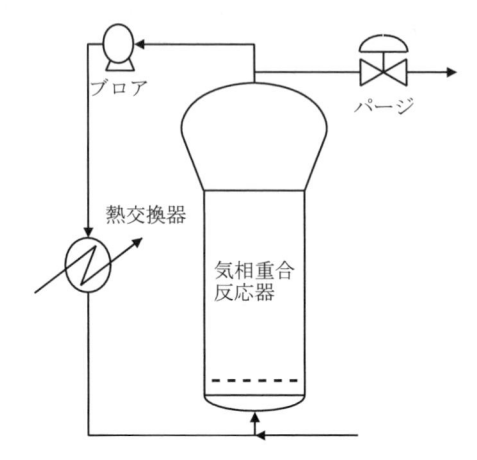

図 6.10 ポリマ気相重合反応器

た，フィードガス中に含まれる不純物が反応器内にたまらないようにするために，リサイクルラインの途中にパージラインがある．リサイクル量対フレッシュフィード量の流量比をおよそ 50：1 で循環されている．そのため反応器自体は管型反応器ではあるが，リサイクル流れも含めたシステムとして見ることにより連続槽型反応器として以下の式のように物質収支・熱収支が求められる．

制御変数を水素とモノマー濃度比 $[H_2]/[M_1]$，コモノマとモノマの濃度比 $[M_2]/[M_1]$，反応器圧力 P_{total}，重合量 P_r，反応器内温度 T およびポリマの反応器内蓄積量 (ポリマのベットレベル) B_w とし，操作変数をモノマ，コモノマ，水素，窒素，触媒のそれぞれのフィード流量 $F_{M1}, F_{M2}, F_{H2}, F_I, F_c$，熱交換器冷却水温度 T_w，およびポリマの排出量 O_p とし表 6.1 に示すような物性値で，表 6.2 に示す操作条件の変更制御ができる制御システムを Simulink を使って設計・実現せよ．

＜物質収支＞

$$V_g \frac{d[I]}{dt} = F_I - b_I \qquad \text{(不活性ガス)}$$

$$V_g \frac{d[H_2]}{dt} = F_{H2} - b_{H2} \qquad \text{(水素)}$$

$$V_g \frac{d[M_2]}{dt} = F_{M2} - b_{M2} - R_{M2} \qquad \text{(コモノマ)}$$

$$V_g \frac{d[M_1]}{dt} = F_{M1} - b_{M1} - R_{M1} \qquad \text{(モノマ)}$$

$$\frac{dY}{dt} = a_c F_c - k_d Y - Y \frac{O_p}{B_w} \qquad \text{(触媒)}$$

表 6.1 プロセス変数値

変数名	記号	〔単位〕	値
参照温度	T_{ref}	〔K〕	360
モノマ反応定数	$k_{p1,T_{ref}}$	〔L/(mols)〕	85
コモノマ反応定数	$k_{p2,T_{ref}}$	〔L/(mols)〕	3
活性化エネルギー	E_a	〔cal/mol〕	9 000
触媒失活速度	k_d	〔1/s〕	1×10^4
触媒活性量	a_c	〔mol/kg〕	0.548
モノマ分子量	M_{w1}	〔g/mol〕	28.05
コモノマ分子量	M_{w2}	〔g/mol〕	56.2
モノマモル比熱	C_{pM1}	〔cal/(molK)〕	11.0
コモノマモル比熱	C_{pM2}	〔cal/(molK)〕	24.0
不活性ガスモル比熱	C_{pI}	〔cal/(molK)〕	6.9
水素モル比熱	C_{pH2}	〔cal/(molK)〕	7.7
ポリマ重量比熱	C_{ppoly}	〔cal/(gK)〕	0.85
反応熱	ΔH_R	〔cal/g〕	894
リアクタ熱容量	$M_r C_{Pr}$	〔cal/K〕	1.4×10^7
総括伝熱係数	UA	〔cal/(sK)〕	1.14×10^5
反応器体積	V_g	〔m^3〕	500
バルブ係数	C_v	〔P$_a^{1/2}$mol/s〕	2.356068×10^{-2}
ガス定数	R	〔cal/(molK)〕	1.986
熱交換器時定数	τ	〔s〕	360

$$\frac{dB_w}{dt} = M_{w1}R_{M1} + M_{w2}R_{M2} - O_p \quad (\text{ポリマ})$$

$$b = V_p C_v \sqrt{(P_{total} - P_v)} \quad (\text{ブリード・パージ量})$$

ブリードに伴い流出する各成分の物質量はつぎのようになる。

$$b_{H2} = \frac{[H_2]b}{[M_1]+[I]+[H_2]+[M_2]} \quad (\text{流失水素})$$

$$b_{M2} = \frac{[M_2]b}{[M_1]+[I]+[H_2]+[M_2]} \quad (\text{流失コモノマ})$$

$$b_{M1} = \frac{[M_1]b}{[M_1]+[I]+[H_2]+[M_2]} \quad (\text{流失モノマ})$$

$$b_{H2} = \frac{[I]b}{[M_1]+[I]+[H_2]+[M_2]} \quad (\text{流失窒素})$$

反応定数

$$R_{M1} = k_{p1}[M1]Y, \qquad R_{M2} = k_{p2}[M2]Y$$

$$k_{p1} = k_{p1,T_{ref}} e^{-\frac{Ea}{R}(\frac{1}{T}-\frac{1}{T_{ref}})} \quad k_{p2} = k_{p2,T_{ref}} e^{-\frac{Ea}{R}(\frac{1}{T}-\frac{1}{T_{ref}})}$$

表 **6.2** 定常運転条件

変数名	記号	〔単位〕	定常値 A	定常値 B
モノマ濃度	$[M_1]$	〔mol/m^3〕	259.6746	259.6746
コモノマ濃度	$[M_2]$	〔mol/m^3〕	105.3740	99.8046
水素濃度	$[H_2]$	〔mol/m^3〕	246.5421	340.9373
窒素濃度	$[I]$	〔mol/m^3〕	133.2386	44.4129
触媒貯留量	Y	〔mol〕	5.7845	5.7867
ポリマベット量	B_w	〔ton〕	70	70
反応器温度	T	〔K〕	360	360
冷却水温度	T_w	〔K〕	303.9066	303.8881
原料ガス温度	T_f	〔K〕	293	293
反応器圧力	P_{total}	〔atm〕	17	17
徐熱量	Q_d	〔J/s〕	13.3517×10^6	13.3372×10^6
生産量	O_p	〔kg/h〕	13 262.8	13 248.3
モノマ流量	F_{M1}	〔mol/s〕	130.601	130.649
コモノマ流量	F_{M2}	〔mol/s〕	3.01491	3.83827
水素流量	F_{H2}	〔mol/s〕	2.77557	2.85621
窒素流量	F_I	〔mol/s〕	1.5	0.5
触媒流量	F_c	〔kg/h〕	5.8	5.8
バルブポジション	V_p	〔-〕	0.5	0.5
冷却水熱容量	$F_w C_{pw}$	〔cal/(sK)〕	5.6×10^6	5.6×10^6
冷却水流量	F_g	〔mol/s〕	6 500	6 500

単位時間当りの重合量
$$P_r = M_{W1}R_{M1} + M_{W2}R_{M2}$$
反応器内圧力
$$P_{total} = ([M_1] + [I] + [H_2] + [M_2])RT$$

＜熱収支＞
反応器周りの熱収支
$$(M_r C_{Pr} + B_w C_{ppol})\frac{dT}{dt} = H_f + H_r - H_p - H_b - Q_d$$
フィード原料に伴うエンタルピー
$$H_f = (F_{M1}C_{pM1} + F_{M2}C_{pM2} + F_I C_{PI} + F_{H2}C_{pH2})(T_f - T_{ref})$$
反応熱
$$H_r = (-\Delta H_R)(M_{W1}R_{M1} + M_{W2}R_{M2})$$

製品ポリマーに伴うエンタルピー

$$H_p = O_p C_{ppol}(T - T_{ref})$$

ブリードに伴うエンタルピー

$$H_b = bC_{pg}(T - T_{ref})$$

ブリードガスのモル比熱

$$C_{pg} = \frac{[M_1]C_{pM1} + [M_2]C_{pM2} + [I]C_{pI} + [H_2]C_{pH2}}{[M_1] + [I] + [H_2] + [M_2]}$$

＜熱交換器周りの収支＞

$$\tau \frac{dQ_d}{dt} = F_g C_{pg}(T - T_{rg}) - Q_d$$

リサイクルガスの温度 T_{rg} の定常値 T_{rgs} と冷却水温度 T_w の関係

$$T_{rgs} = \frac{T_w(1 - exp(\gamma)) - T(1 - \frac{F_g C_{pg}}{F_w C_{pw}})}{\frac{F_g C_{pg}}{F_w C_{pw}} - exp(\gamma)}$$

ここで $\gamma = UA(\frac{1}{F_g C_p g} - \frac{1}{F_w C_p w})$

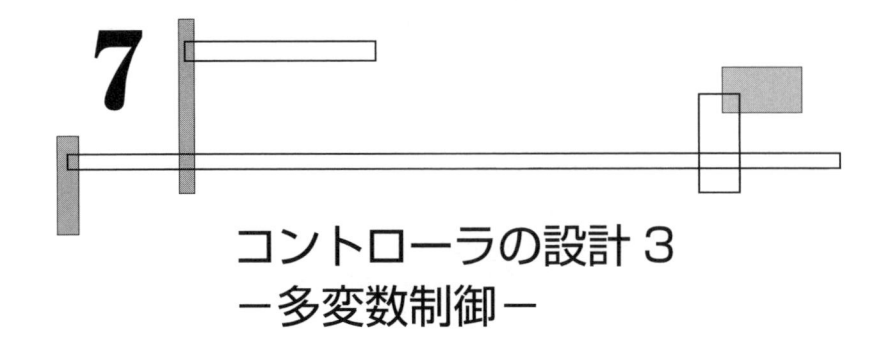

7
コントローラの設計 3
－多変数制御－

内部モデル制御による多変数制御系のコントローラ設計法を学び，その後，プロセス産業で最も広く使われているモデル予測制御の基礎とその多変数系への応用について学ぶ．

7.1　内部モデル制御による多変数制御系設計

内部モデル制御 (IMC) による多変数制御系の設計は，基本的には SISO 系に対する IMC の設計と同じ考え方で行われる．違いは，SISO 系におけるプロセスとモデルの伝達関数，G_P, G_M が伝達関数行列，$\boldsymbol{G}_P, \boldsymbol{G}_M$ となる点にある．

伝達関数行列が $\boldsymbol{G}_P$ の $n \times n$ のプロセスがあったとしよう．そのモデルとして伝達関数行列 $\boldsymbol{G}_M$ が求められていたとする．ただし，プロセスのすべての入出力要素は安定である．多変数系コントローラの設計法には，状態関数空間で構築する最適制御などさまざまあるが，ここでは，前章からの流れのうえで，内部モデル制御の考え方に立脚した多変数制御の設計法について述べる．

SISO 系の内部モデル制御によるコントローラの設計法では，プロセスとモデル $G_M(s)$ を並列に並べ，モデル誤差と外乱だけをフィードバックする形にしたうえで，モデルの逆数にフィルタを乗じたものをコントローラ $Q(s)$ とした．この考え方をそのまま多変数系に拡張して適用し，多変数系の内部モデル制御系を構築する．すなわち，図 **7.1** に示すように，モデルの伝達関数行列 $\boldsymbol{G}_M$ を

7.1 内部モデル制御による多変数制御系設計

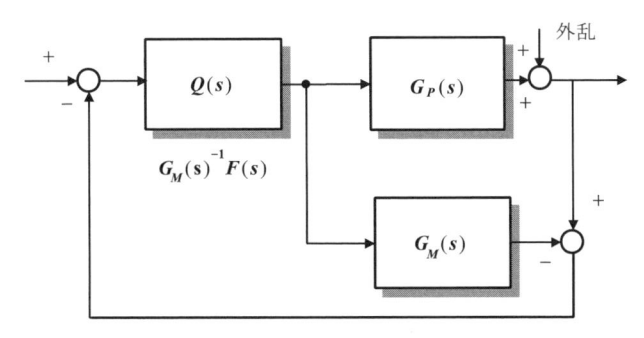

図 7.1 多変数 IMC

プロセスに並列に並べ，コントローラ $Q(s)$ を

$$Q(s) = G_M^{-1}(s)F(s) \tag{7.1}$$

と設計する。

このとき設定値および外乱から出力への伝達特性は

$$y = G_p(s)(I + Q(s)(G_P(s) - G_M(s)))^{-1}Q(s)(r - d) + d \tag{7.2}$$

となる。

SISO 系のときと同様に，安定な $G_M^{-1}(s)$ をとることがつねに可能であるとは限らない。したがって，そのときは

$$G_M(s) = G_{M+}G_{M-} \tag{7.3}$$

と，non-invertable な伝達関数行列 G_{M+} と invertable な伝達関数行列 G_{M-} にモデルの伝達関数行列を分解し，コントローラ $Q(s)$ を

$$Q(s) = G_{M-}^{-1}(s)F(s) \tag{7.4}$$

と設計する。

分解は $G_{M+}(0) = I$(単位行列) が成り立つように行われなければならない。

このとき設定値および外乱から出力への伝達特性は

$$y = G_p(s)(I + G_{M-}^{-1}(s)F(s)(G_P(s) - G_M(s)))^{-1}G_{M-}^{-1}(s)F(s)$$
$$(r - d) + d \tag{7.5}$$

となり，モデル＝プロセスの場合は，その伝達特性は

$$y = G_{M+}(s)F(s)r + (1 - G_{M+}(s)F(s))d \tag{7.6}$$

となる。

多変数系の IMC 設計法は，まったく SISO 系での設計法と相似的になるが，式 (7.3) の分解が一意にならないところに設計の難しさがある。

例題 7.1　つぎのような 2 入力 2 出力のモデルがある。このプロセスの内部モデル制御のコントローラ $Q(s)$ を設計せよ。

$$G_M = \begin{bmatrix} 0 & e^{-2s} \\ -e^{-2s} & 1 \end{bmatrix}$$

【解答】　この伝達関数行列の分解として少なくともつぎの 2 通りが考えられる。
分解 1)
$$G_{M+}G_{M-} = \begin{bmatrix} e^{-4s} & 0 \\ 0 & e^{-2s} \end{bmatrix} \begin{bmatrix} 0 & e^{2s} \\ -1 & e^{2s} \end{bmatrix}$$
分解 2)
$$G_{M+}G_{M-} = \begin{bmatrix} e^{-2s} & 0 \\ (1-e^{-2s}) & e^{-2s} \end{bmatrix} \begin{bmatrix} 0 & 1 \\ -1 & 1 \end{bmatrix}$$

式 (7.6) から，モデル＝プロセスのとき，伝達特性が $G_{M+}(s)F(s)$ で規定されることから，もし，非干渉制御を望むのであれば，分解 1) が好ましい。しかしこのとき，出力はそれぞれむだ時間が 4 と 2 存在する。したがって，応答時間の短縮化を望むのであれば，分解 2) が採用される。分解 1) の場合は，$Q(s)$ は

$$G_{M-}^{-1}(s)F(s) = \begin{bmatrix} 1 & -1 \\ e^{-2s} & 0 \end{bmatrix} \begin{bmatrix} F_1(s) & 0 \\ 0 & F_2(s) \end{bmatrix}$$

となる。　◇

このように $G_{M+}G_{M-}$ の分割は唯一でなく，ほかの評価指標 (非干渉性や応答性) などから決めなければならない。ホルト (Holt) らは，$G_M(s)$ の伝達行列において，各行で最小のむだ時間をもつ要素が対角位置にあるとき，対角要素にだけ項がある G_{M+} が非干渉や制御性からも最適となると報告している[7]。

例題 7.2　つぎのような 2 入力 2 出力のモデルがある。最適な内部モデル制御のコントローラ $Q(s)$ を設計するために $G_M(s)$ を分解せよ。

$$G_M = \begin{bmatrix} \dfrac{12.8}{16.7s+1}e^{-s} & \dfrac{-18.9}{21s+1}e^{-3s} \\ \dfrac{6.6}{10.9s+1}e^{-7s} & \dfrac{-19.4}{14.4s+1}e^{-3s} \end{bmatrix}$$

【解答】 Holt らの研究に従い，つぎのように分解するのが最適となる．

$$G_{M+}G_{M-} = \begin{bmatrix} e^{-s} & 0 \\ 0 & e^{-3s} \end{bmatrix} \begin{bmatrix} \dfrac{12.8}{16.7s+1} & \dfrac{-18.9}{21s+1}e^{-2s} \\ \dfrac{6.6}{10.9s+1}e^{-4s} & \dfrac{-19.4}{14.4s+1} \end{bmatrix}$$

◇

7.2 モデル予測制御の基本的考え方

モデル予測制御の基本的考え方を簡単に述べると，"プロセスの制御変数・操作変数間の動的なモデルを使い，現時刻より未来の制御変数の動きを予測し，その予測される動きができるだけ希望とする動きになるように操作量を決める．この決定の手続きをサンプリング時刻ごとに繰り返し行う"こととなる．

大きな時間遅れをもつプロセスを手動 (manual) で制御することを考えてみよう．制御の目的は，出力をできるだけ希望する値に近づけることである．それをコンピュータなしで行うことを考えよう．熟練オペレータならどうするであろうか．オペレータは，現時点のプロセスの状況を見て，「いま，これくらいの大きさの操作をプロセスに加えれば，将来ある時間が経つと，出力は希望する値に近いところに来るだろう」，「これより操作量の値を激しく動かすと，プロセスが暴れ出すかもしれないから，控えめに操作量を動かそう…」などと，なにかしらの操作経験に基づく予測を行って，操作量を決めるであろう．そして，その入力をプロセスに加えた後，プロセスの出力がどのように変化するかを眺める．もし，プロセスが予想していた動きと異なる動きをした場合，再び，その状態から，目標とする値に近づくように，オペレータは操作量を決め直すであろう．そして，また，プロセスの動きを眺め，思うようにならなければ，操作量を再び調節するということを繰り返すであろう．

この手続きの中には，操作入力に対してプロセスがどのように動くかということの知識(モデル)に基づく予測がある．そして，"プロセスの状態の観測"，"制御変数の動きの予測"，"操作量の決定"の手続きが繰り返し行われている．このような"制御変数の挙動の予測―操作量の決定―状態の観測"という一連の手続きの繰り返しこそが，モデル予測制御の原点なのである．

図 **7.2** を使って，予測制御アルゴリズム (receding horizon control) を用語の説明も兼ねて，いま一度，簡単に述べよう．現時刻 t からある区間 M (**制御ホライズン** (control horizon) と呼ばれる) に渡り，入力を変化させたとき，現時刻から P ステップ先にわたる区間 $[t+1, t+P]$ で (**予測ホライズン** (prediction horizon) と呼ばれる[†]) 制御変数がどのような挙動をとるかを，プロセスの入出力間の動的モデルを使って予測する．その予測値が目標値にできるだけ近づくように，入力 $(u(t), u(t+1), \cdots, u(t+M-1))$ を，入力や出力に課せられた制約を満たす範囲の中で求める．計算された M ステップの入力のうち，最初の 1 ステップである $u(k)$ だけを実際にプロセスに加える．つぎのサンプル時刻 $t+1$ では，新たに得られた出力の測定値 $y(t+1)$ を加味して出力の予測をやり直す．その際，各ホライズン (control および prediction horizons) を 1 ステップずらし，時刻 $t+1$ から P ステップ先にわたる予測値が目標値にできる

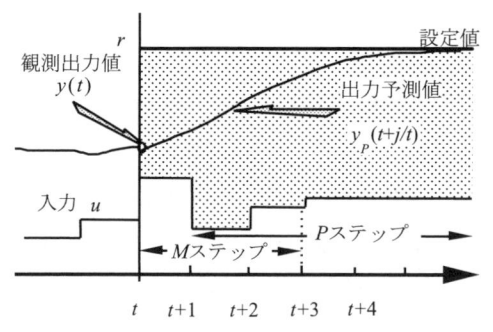

図 **7.2** モデル予測制御の基本的考え方

[†] むだ時間系などを対象とする場合も想定して，予測ホライズンを $[t+1, t+L+P-1]$ にとり，さらにその中の特定区間 $[t+L, t+L+P-1]$ で目標値と予測値を一致させようとすることもある．この特定区間を**出力・目標値一致希望区間** (coincidence horizon) と呼ぶこともある．

だけ近づくように時刻 $t+1$ から M ステップにわたる入力を決めるという最適化問題を再び繰り返す。このようにサンプル時刻ごとに各ホライズンをずらし，入力決定のために最適化問題を繰り返し解くこと (これを moving horizon 法，あるいは receding horizon 法と呼ぶ) がモデル予測制御のアルゴリズムの基本的考え方である。

7.3 制御アルゴリズム－SISO 系

モデル予測制御のアルゴリズムを実際にコンピュータ上で実行するには，
1. 出力の挙動を計算するためのモデルの構築
2. 外乱・モデル誤差を考慮した出力の予測
3. 操作量の決定

をいかに行うのかを定めなければならない。以下，まず，具体的に SISO 系に対するアルゴリズムを通して説明しよう。その後，多変数系に拡張する。

7.3.1 出力の挙動を計算するためのモデル

出力の挙動を予測するためにモデルが必要となる。モデルはプロセスの操作変数と制御変数の間の動的な因果関係を表現したものでなければならない。ここでは，モデル予測制御のアルゴリズムの中で最も代表的なステップ応答モデルとパラメトリックモデルを使ってアルゴリズムを説明しよう。

〔1〕 ステップ応答モデル

定常状態にある時刻 $t=0$ で入力を δu の大きさでステップ状に変化させる。例えば，図 **7.3**(a) のように入力を変化させ，図 **7.3**(b) に示すような出力がえられたとしよう。ここで，時刻 $t=s$ は，出力が応答が一定に至った (定常とみなせる) 時間である。

得られた出力の応答の定常状態の値からの変化をサンプル時刻ごとに測る。時刻 $t=i$ の出力の変化を δy_i とする。それを入力のステップ変化の大きさで割った $\delta y_i/\delta u$ を時刻 $t=i$ のステップ応答係数 a_i とする。

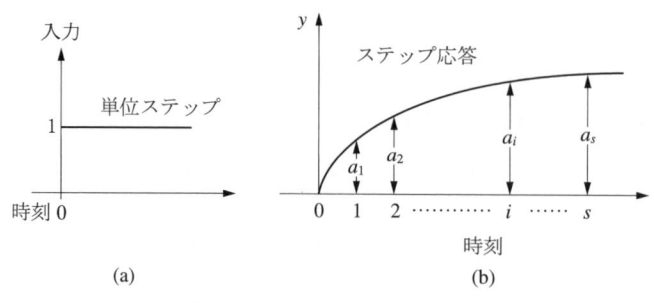

7. コントローラの設計3 —多変数制御—

図 7.3 ステップ応答 (離散系)

プロセスが線形に近いと仮定すると，$\Delta u(t)$ というステップ入力を時刻 t でプロセスに加えれば時刻 $t+j$ における出力は，$a_j \Delta u(t)$ だけ変化する．$t-1$ で $\Delta u(t-1)$ 入力が変化したことに対しては，出力は $a_{j+1} \Delta u(t-1)$ 変化する．この考え方を拡張して，図 7.4 のように入力がサンプル時刻ごとにステップ状に変化して連続的にプロセスに入ってきたときの出力の動きを考えよう．

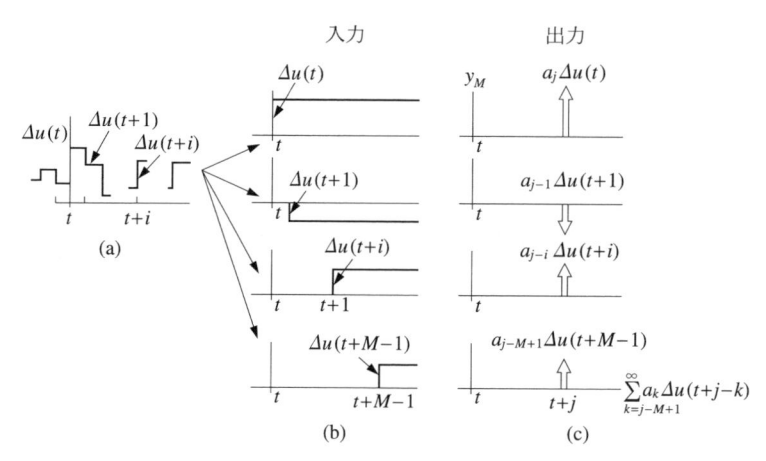

図 7.4 ステップ応答の重ね合わせ

まず，図 7.4(a) のような入力を，図 7.4(b) のように，いくつものステップ入力に分解して考える．このとき，時刻 $t-k$ での入力のステップ変化は，$\Delta u(t-k) = u(t-k) - u(t-k-1)$ となる．こうして分解した入力 $\Delta u(t+j)$，$\Delta u(t+j-1)$ から $\Delta u(-\infty)$ までの入力をプロセスに加えたことによって，時刻 $t+j$ で得られる出力の値は，重ね合わせの原理を使って次式のように表す

ことができる．
$$y_M(t+j) = \sum_{k=1}^{\infty} a_M \Delta u(t+j-k)$$
$$= \sum_{k=1}^{s-1} a_M \Delta u(t+j-k) + a_s u(t+j-s) \qquad (7.7)$$

モデルによる出力値の表現であることから添え字に $_M$ を使っている．また，このモデルでは，「$i \geqq s$ となる時刻で，出力の値は，$a_i = a_s$ とみなし
$$\sum_{k=1}^{\infty} a_M \Delta u(t+j-k) = a_s u(t+j-s) \qquad (7.8)$$
が成り立つ」ことを使っている．これは，入力のステップ変化に対して，応答が最終的にはある値に漸近すること，いい換えるならば，安定なプロセスを対象とすることを前提としている[†]．

現時刻を t とし，いままでにプロセスに加えられた入力といまから加えられるはずの未来の入力に分けて式 (7.7) 式を見直すと次式となる．
$$y_M(t+j) = \sum_{i=0}^{M-1} a_{j-i} \Delta u(t+i) + \sum_{i=1}^{s-1} a_{j+i} \Delta u(t-i) + a_{j+s} u(t-s) \qquad (7.9)$$

さらに現時刻 t の出力が
$$y_M(t) = \sum_{i=0}^{\infty} a_i \Delta u(t-i)$$
$$= \sum_{i=1}^{s-1} a_i \Delta u(t-i) + a_s u(t+j-s) \qquad (7.10)$$
と表せることを使って，つぎのように出力値を表現する．
$$y_M(t+j) = y_M(t) + \sum_{i=0}^{M-1} a_{j-i} \Delta u(t+i) + \sum_{i=1}^{s-1} (a_{j+i} - a_j) \Delta u(t-i) \qquad (7.11)$$

上式を使って，$y_M(t+j)$ の値を $j = L$ から $L+P-1$ まで表現すると次式

[†] モデル予測制御が提案された当初 (1980 年代) は，安定プロセスしか対象とできなかった．その後，改良が加えられて積分系，不安定系にも適用できるようになっている．

となる。

$$
\begin{bmatrix} y_M(t+L) \\ y_M(t+L+1) \\ \vdots \\ y_M(t+L+P-1) \end{bmatrix} = \begin{bmatrix} y_M(t) \\ y_M(t) \\ \vdots \\ y_M(t) \end{bmatrix}
$$

$$
+ \begin{bmatrix} a_L & a_{L-1} & \cdots & a_{L-M+1} \\ a_{L+1} & a_L & \cdots & a_{L-M+2} \\ \vdots & \vdots & \vdots & \vdots \\ a_{L+P-1} & \cdots & \cdots & a_{L-M+P} \end{bmatrix} \begin{bmatrix} \Delta u(t) \\ \Delta u(t+1) \\ \vdots \\ \Delta u(t+M-1) \end{bmatrix} \quad (7.12)
$$

$$
+ \begin{bmatrix} a_{L+1}-a_1 & a_{L+2}-a_2 & \cdots & a_{L+s-1}-a_{s-1} \\ a_{L+2}-a_1 & a_{L+3}-a_2 & \cdots & a_{L+s}-a_{s-1} \\ \vdots & \vdots & \vdots & \vdots \\ a_{L+P}-a_1 & \cdots & \cdots & a_{L+s+P-1}-a_{s-1} \end{bmatrix} \begin{bmatrix} \Delta u(t-1) \\ \Delta u(t-2) \\ \vdots \\ \Delta u(t-s+1) \end{bmatrix}
$$

ただし,ここで $i<0$ の i に対しては, $a_i=0$ である.

この式をベクトル・行列で表現するとつぎのようになる.

$$y_M = y_{Mo} + A_F \Delta u_n + A_o \Delta u_o \quad (7.13)$$

〔2〕 パラメトリックモデル

現時刻 t の出力が過去の出力値と入力の過去値の関数として決まるようなモデルをパラメトリックモデルという。例えば

$$
\begin{aligned}
y_M(t) &= a_1 y_M(t-1) + a_2 y_M(t-2) + \cdots + a_n y_M(t-n) \\
&\quad + b_1 u(t-1) + b_2 u(t-2) + \cdots + b_m u(t-m)
\end{aligned} \quad (7.14)
$$

式 (7.14) を使って,現時刻 t より j ステップ将来の時刻 $t+j$ の出力を表現すると

$$
\begin{aligned}
y_M(t+j) &= a_1 y_M(t+j-1) + a_2 y_M(t+j-2) + \cdots \\
&\quad + a_n y_M(t+j-n) \\
&\quad + b_1 u(t+j-1) + b_2 u(t+j-2) + \cdots + b_m u(t+j-m)
\end{aligned}
$$
$$(7.15)$$

7.3 制御アルゴリズム－SISO系

となり，j が 2 以上のときには，$y_M(t+j)$ は，将来の出力値 $y_M(t+j-1)$,$\cdots$, $y_M(t+1)$ の関数となる。$y_M(t+j)$ の値を，過去の出力値と入力の関数として表すことを考えよう。

式 (7.15) を使って時刻 $t+1$ の出力を求めてみよう。

$$\begin{aligned}y_M(t+1) =\ & a_1 y_M(t) + a_2 y_M(t-1) + \cdots + a_n y_M(t-n+1)\\ & + b_1 u(t) + b_2 u(t-1) + \cdots + b_m u(t-m+1)\end{aligned} \quad (7.16)$$

式 (7.14) で上式の両辺を引くと

$$\begin{aligned}y_M(t+1) =\ & y_M(t) + a_1 \Delta y_M(t) + a_2 \Delta y_M(t-1) + \cdots \\ & + a_n \Delta y_M(t-n+1) \\ & + b_1 \Delta u(t) + b_2 \Delta u(t-1) + \cdots + b_m \Delta u(t-m+1)\end{aligned} \quad (7.17)$$

となる。ここで，$\Delta y_M(k) = y_M(k) - y_M(k-1), \Delta u(k) = u(k) - u(k-1)$ である。

この式 (7.15) を使って時刻 $t+2$ の出力を求める。

$$\begin{aligned}y_M(t+2) =\ & y_M(t+1) + a_1 \Delta y_M(t+1) + a_2 \Delta y_M(t) + \cdots \\ & + a_n \Delta y_M(t-n+2) \\ & + b_1 \Delta u(t+1) + b_2 \Delta u(t) + \cdots + b_m \Delta u(t-m+2)\end{aligned} \quad (7.18)$$

この式の右辺に $-y_M(t) + y_M(t)$ を加え整理すると

$$\begin{aligned}y_M(t+2) =\ & y_M(t) + (1+a_1) \Delta y_M(t+1) + a_2 \Delta y_M(t) + \cdots \\ & + a_n \Delta y_M(t-n+2) \\ & + b_1 \Delta u(t+1) + b_2 \Delta u(t) + \cdots + b_m \Delta u(t-m+2)\end{aligned} \quad (7.19)$$

上式の $\Delta y_M(t+1)$ の項を式 (7.17) で置き換えるとつぎのようになる。

$$\begin{aligned}y_M(t+2) =\ & y_M(t) + ((1+a_1)a_1 + a_2) \Delta y_M(t) + \cdots \\ & + (1+a_1)a_n \Delta y_M(t-n+2) + a_1 a_n \Delta y_M(t-n+1) \\ & + b_1 \Delta u(t+1) + (b_2 + (1+a_1)b_1) \Delta u(t) + \cdots\end{aligned} \quad (7.20)$$

$$+(1+a_1)b_m\Delta u(t-m+2)+a_1 b_m \Delta u(t-m+1)$$

同様な手続きを踏むことにより，$y_M(t+j)$ を，つぎのように現在の出力の測定値と過去の入出力値といまから決める入力の関数として表すことができる[†]。

$$y_M(t+j) = y_M(t)$$
$$+q_{j,1}\Delta y_M(t)+q_{j,2}\Delta y_M(t-1)+\cdots$$
$$+q_{j,n}\Delta y_M(t-n+2)+g_{j,j-1}\Delta u(t+j-1)$$
$$+g_{j,j-2}\Delta u(t)+\cdots+g_{j,j+m-1}\Delta u(t-m+1) \quad (7.21)$$

この式を使って，区間 $[t+L, t+L+P-1]$ の出力を表現するとつぎのようになる。

$$\begin{bmatrix} y_M(t+L) \\ y_M(t+L+1) \\ \vdots \\ y_M(t+L+P-1) \end{bmatrix} = \begin{bmatrix} y_M(t) \\ y_M(t) \\ \vdots \\ y_M(t) \end{bmatrix}$$

$$+\begin{bmatrix} g_{L,L} & g_{L,L-1} & \cdots & & 0 \\ g_{L+1,L+1} & \cdots & \cdots & & 0 \\ \vdots & & \ddots & & \vdots \\ g_{L+P-1,L+P-1} & \cdots & \cdots & g_{L+P-1,L+P-M} \end{bmatrix}\begin{bmatrix} \Delta u(t) \\ \Delta u(t+1) \\ \vdots \\ \Delta u(t+M-1) \end{bmatrix}$$

$$+\begin{bmatrix} g_{L,L+1} & g_{L,L+2} & \cdots & g_{L,L+m-1} \\ g_{L+1,L+2} & g_{L+1,L+3} & \cdots & \cdots \\ \vdots & \vdots & & \vdots \\ g_{L+P-1,L+P} & \cdots & \cdots & g_{L+P-1,L+P+m-1} \end{bmatrix}\begin{bmatrix} \Delta u(t-1) \\ \Delta u(t-2) \\ \vdots \\ \Delta u(t-m+1) \end{bmatrix}$$

$$+\begin{bmatrix} q_{L,1} & q_{L,2} & \cdots & q_{L,n} \\ q_{L+1,1} & \cdots & \cdots & q_{L+1,n} \\ \vdots & \vdots & & \vdots \\ q_{L+P-1,1} & \cdots & \cdots & q_{L+P-1,n} \end{bmatrix}\begin{bmatrix} \Delta y_M(t) \\ \Delta y_M(t-1) \\ \vdots \\ \Delta y_M(t-n+1) \end{bmatrix} \quad (7.22)$$

これをベクトル・行列で表現すると次式のようになる。

$$y_M = y_{Mo} + G_F \Delta u_n + G_o \Delta u_o + Q \Delta y_{M_{old}} \quad (7.23)$$

[†] この計算をもっとシステマティックに行う方法に Diophantine 方程式を使った方法がある。演習問題参照。

7.3.2 出力予測式

もしモデルがプロセスを完全に表現していれば，プロセスの実際の出力値 $y(t+j)$ は，モデルで計算した値 $y_M(t+j)$ に一致するはずである．しかし，モデルがプロセスを完全に表現できることは現実にはあり得ない．プロセスには測定できない外乱が入ったり，モデル誤差により，現実のプロセスの出力値とモデルの出力値とに食い違いが生じるのは明らかである．このようなモデルとプロセスのずれや，プロセスに加わる外乱の影響を考慮して，時刻 $t+j$ の出力の予測値をつぎのように与える．

$$y_P(t+j) = y_M(t+j) + y(t) - y_M(t) \tag{7.24}$$

この予測式において，モデルとプロセスのずれを考慮して，モデルの出力を補正している項が $y(t) - y_M(t)$ である．これはモデルの時刻 t の値 $y_M(t)$ と実際の出力の測定値 $y(t)$ との差を現時刻 t での外乱の値とみなし，それと同じ大きさの外乱が予測期間中プロセスに入り続けると想定し，予測値を与えていると解釈できる (図 **7.5**)．

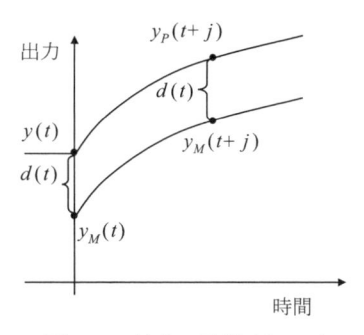

図 **7.5** 外乱の予測 (その 1)

また，予測式を

$$y_P(t+j) = y(t) + y_M(t+j) - y_M(t) \tag{7.25}$$

のように変形して眺めると，測定値 $y(t)$ を始点として，モデルを使って現時刻からの出力の変化量を計算して出力を予測しているとも解釈できる (図 **7.6**)．

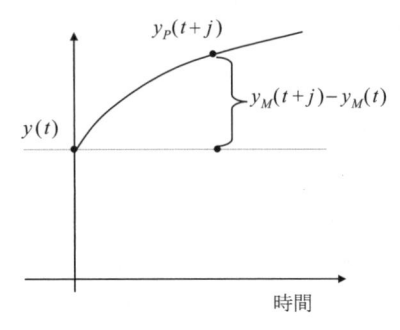

図 7.6 外乱の予測 (その 2)

出力・目標値一致希望区間 $[L, L+P-1]$ での出力の予測値を式 (7.24) を使って表現すると

$$\begin{bmatrix} y_P(t+L) \\ y_P(t+L+1) \\ \vdots \\ y_P(t+L+P-1) \end{bmatrix} = \begin{bmatrix} y(t) \\ y(t) \\ \vdots \\ y(t) \end{bmatrix} + \begin{bmatrix} y_M(t+L) \\ y_M(t+L+1) \\ \vdots \\ y_M(t+L+P-1) \end{bmatrix} - \begin{bmatrix} y_M(t) \\ y_M(t) \\ \vdots \\ y_M(t) \end{bmatrix} \quad (7.26)$$

これをベクトルで表現するとつぎのようになる。

$$y_P = y + y_M - y_{Mo} \quad (7.27)$$

7.3.3 参 照 軌 道

時刻 $t+j$ において出力の予測値を一致させようとする値を $y_R(t+j)$ とする。設定値 r を直接，その値とすることも可能である。しかし，出力を一気に設定値 r に持っていこうとするのではなく，ある滑らかな軌道に沿って最終的に設定値 r に達するように制御しようとする。この軌道を**参照軌道** (reference trajectory) と呼ぶ。

参照軌道の作り方として種々提案されている[28]。その中から代表的な二つについて述べよう。

- タイプ 1

$$y_R(t+j) = \alpha^{j-L+1} y(t) + (1 - \alpha^{j-L+1}) r(t+j) \quad (7.28)$$

- タイプ 2

$$y_R(t+j) = \alpha^{j-L+1} y_P^*(t+L-1) + (1-\alpha^{j-L+1}) r(t+j) \quad (7.29)$$

タイプ 1 の参照軌道は，時刻 $t+j$ の設定値 $r(t+j)$ と現時刻 t の測定値 $y(t)$ を $\alpha^{j-L+1} : 1-\alpha^{j-L+1}$ に内分したところに軌道を設定している．これは図 **7.7** に示すように，出力を直接，最終設定値 r にもっていこうとするのではなく，現時刻 t の測定値 から一次遅れのステップ応答軌道のような理想的な動きとして制御系に与え，この軌道に沿って最終設定値 r に出力が辿りつくように制御することを目的に導入されている．

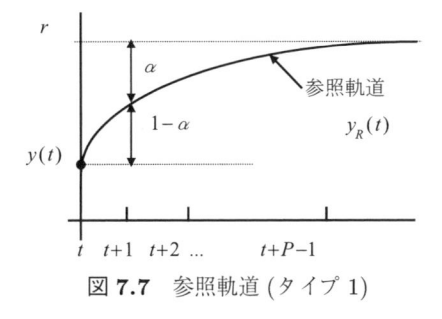

図 7.7 参照軌道 (タイプ 1)

タイプ 2 の参照軌道は，むだ時間や非最小位相系など，いまから決める入力に呼応して出力がすぐに設定値の方向に動かない対象に使われる．例えば，むだ時間が T_d の系では，$L = T_d + 1$ とすることにより，むだ時間の間は出力の目標となる軌道は設定しないことになる．具体的には，いまから決める操作量 $u(t+i)$（ただし，$i=0,1,\cdots,L+P-2$）をすべて操作量 $u(t)$ に保ち続けると仮定したうえで，時刻 $t+L-1$ での出力の予測値 $y_P^*(t+L-1)$ を計算し，その値とそれ以降の時刻の設定値 $r(t+j)$ とを $\alpha^{j-L+1} : 1-\alpha^{j-L+1}$ に内分して軌道を作っている．具体的に，式 (7.29) の $y_P^*(t+L-1)$ の項は，ステップ応答モデル式 (7.11) を使うならば，つぎのように計算できる（図 **7.8**）．

$$y_P^*(t+L-1) = y(t) + a_{L-1}\Delta u(t) + \sum_{i=1}^{s-1}(a_{L-1+i} - a_i)\Delta u(t-i) \quad (7.30)$$

操作量の決定の仕方を簡潔に表現するために，参照軌道として与えられる目標値もベクトルで表現しておく．

図 **7.8** 参照軌道 (タイプ 2)

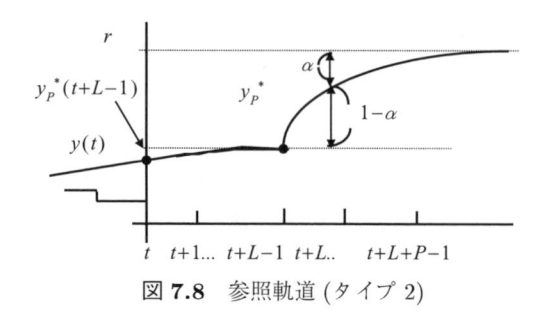

$$y_R = [y_R(t+L), \cdots, y_R(t+L+P-1)]^t \tag{7.31}$$

7.3.4 操作量の決定

入力ならびに出力になんら制約がない場合は，モデル予測制御のアルゴリズムは，時刻 $t+L$ から P ステップにわたる出力の予測値がその区間 (出力・目標値一致希望区間) においてできるだけ近づくように操作量を決める．すなわち，新たな測定値が得られるサンプル時間ごとにつぎの最適化問題を解いている．いま，時刻 t で測定値 $y(t)$ が得られたとしよう．その時点で定式化される最適化問題はつぎのようになる．

評価関数

$$(y_R - y_P)^t \Lambda (y_R - y_P) + \Delta u_n^t \Psi \Delta u_n \tag{7.32}$$

予測式

$$y_P = y + y_M - y_{Mo} \tag{7.33}$$

ここで，Λ, Ψ は重み係数 λ, ψ が入った対角行列である．
この解は，最小二乗法により次式のように与えられる．

- ステップ応答モデルを使った場合

$$\Delta u_n = (A_F^t \Lambda A_F + \Psi)^{-1} A_F^t \Lambda (y_R - y - A_o \Delta u_o) \tag{7.34}$$

- パラメトリックモデルを使った場合

$$\Delta u_n = (G_F^t \Lambda G_F + \Psi)^{-1} G_F^t \Lambda (y_R - y - G_o \Delta u_o) - Q_o \Delta y_{M_{old}} \tag{7.35}$$

計算された操作量 Δu_n のうち，現時刻の操作量 $\Delta u(t)$ だけを実際にプロセスに加え，つぎのサンプル時刻をもつ．つぎのサンプル時刻では，新たに出力の測定値を得て，そのサンプル時刻を現時刻 t として上述の最適化問題を再び定式化し直し解く．この手続きをサンプル時刻ごとに繰り返す．

7.3.5 チューニングガイドライン

制約条件がない場合の制御アルゴリズムには，パラメータとして

- モデルの係数
- ホライズンの大きさ L, M, P
- 参照軌道のパラメータ α
- 評価関数の重み係数

がある．以下，それらのパラメータの働きについて説明し，パラメータのチューニングの仕方について述べる．

〔1〕 モデル

モデルの構造および精度は，制御性能および安定性を左右する重要な因子であるが，一般には (適応機能を付加したものは除いて)，制御性能を調整するためのオンラインチューニングパラメータとしてはモデルを使わない．モデルは，対象とするプロセスの動特性を表現するために，システム同定の段階で決めてしまう．モデルの種類として，ここではステップ応答モデル，パラメトリックモデルの二つについて説明したが，入力の関数として出力が計算できるものであればどのようなものでも使うことができる．例えば，状態方程式でも非線形モデルでも利用可能である．すなわち最小二乗法で操作量を決めることはできないが，モデル予測制御の基本的考え方 (receding horizon control の考え方) を利用したアルゴリズムは状態方程式でも非線形モデルでも構築できる．

〔2〕 ホライズン

参照軌道と予測値を一致させようとする区間 $[L, L+P-1]$ を現時刻より遠くにとることは，制御変数を時間をかけて設定値に一致させることに対応し操作変数の動きもゆっくりとなる．ホライズンの始まり L を遠くにとることはゆっ

くりとした制御応答を期待していることになる。

ホライズンの幅 P と M は，通常 $P \geq M$ に設定され，その差が安定性に影響を与える。P を M に対して大きくとればとるほど，ゆっくりとした制御応答を期待していることになる。L およびその幅 P の決め方については，対象とするプロセスがむだ時間あるいは非最小位相系であるとき，特に注意を要する。非最小位相系に対して，$L=1, P=M$ としたのでは，安定な制御系は構築できない。また，むだ時間が T_d であるとき，少なくとも $[L, L+P-1]$ の区間が T_d を含むか，$L \geq T_d$ を満たすように決めなければならない。

〔3〕 α, λ, ψ

現場でのチューニングパラメータとして使われる α は 1 に近づけるほど安定になる。また，入力の重み係数 ψ も大きくすることにより制御系をより安定な方向に導ける。

モデルやホライズンの値を決めた時点で，操作量の決定の際，式 (7.34) あるいは式 (7.35) に使う行列は決まってしまい，各サンプル時刻ごとにその行列を計算する必要はない。さらに入出力の重み係数を固定してしまえば，式 (7.34) あるいは式 (7.35) の逆行列も制御系を稼動させる前に前もって決めておくことができる。

7.4　多変数系のモデル予測制御

多変数系をモデル予測制御で制御しようとしたとき，前述したアルゴリズムを拡張しなければならない。しかし，その拡張は容易である。

m 入力 n 出力系のモデル予測制御を構築する場合を考えてみよう。まず，すべての入出力間 (制御変数－操作変数間) に対してステップ応答モデルを作る。

例えば，i 番目の制御変数 y_i と j 番目の操作変数 u_j 間のステップ応答モデルとして，式 (7.23) にならって，つぎのようなものを作る。

7.4 多変数系のモデル予測制御

$$y_{M,ij}(t+k) = y_{M,ij}(t) + \sum_{k=0}^{M_j-1} a_{k-i,ij} \Delta u_j(t+k)$$
$$+ \sum_{k=1}^{s_j^*-1} (a_{k+i,ij} - a_{k,ij}) \Delta u_j(t-k) \quad (7.36)$$

ここで，M_j は j 番目の入力の制御ホライズンであり，s_j^* は，j 番目の入力に対する制御変数 $(i=1,...,n)$ のステップ応答の中で，応答が一定になる最長のステップ数である。

SISO 系同様に，これを $k = L_i$ から $L_i + P_i - 1$ まで並べて，ベクトル行列表現すると

$$\boldsymbol{y_{M,ij}} = \boldsymbol{y_{Mo,ij}} + \boldsymbol{A_{F,ij}} \boldsymbol{\Delta u_{n,j}} + \boldsymbol{A_{o,ij}} \boldsymbol{\Delta u_{o,j}} \quad (7.37)$$

となる。
ここで

$$\boldsymbol{y_{M,ij}} = [y_{M,ij}(t+L_i), y_{M,ij}(t+L_i+1), ..., y_{M,ij}(t+L_i+P_i-1)]^T$$
$$\boldsymbol{y_{Mo,ij}} = [y_{M,ij}(t), y_{M,ij}(t), ..., y_{M,ij}(t)]^T$$
$$\boldsymbol{\Delta u_{n,j}} = [\Delta u_j(t), \Delta u_j(t+1), ..., \Delta u_j(t+M_j-1)]^T$$
$$\boldsymbol{\Delta u_{o,j}} = [\Delta u_j(t-1), \Delta u_j(t-2), ..., \Delta u_j(t-s_j^*+1)]^T$$

L_i, P_i は i 番目の制御変数の予測ホライズンの始点と幅である。

制御変数 y_i の値は，すべての操作変数に対する応答の重ね合わせで決まると考えて

$$\boldsymbol{y_{M,i}} = \sum_{j=1}^{m} (\boldsymbol{y_{Mo,ij}} + \boldsymbol{A_{F,ij}} \boldsymbol{\Delta u_{n,j}} + \boldsymbol{A_{o,ij}} \boldsymbol{\Delta u_{o,j}}) \quad (7.38)$$

と表せる。

$\sum_{j=1}^{m} \boldsymbol{y_{Mo,ij}}$ は，モデルにより計算できる現時刻における制御変数 y_i の値であり，その中味を $\boldsymbol{y_{Mo,i}} = [y_{M,i}(t), y_{M,i}(t), ..., y_{M,i}(t)]^T$ と表す。

式 (7.24) と同様に，現時刻における測定値と，モデルにより計算できる値との差，$y_i - y_{M,i}(t)$ で $y_{M,i}(t+j)$ を補正して，将来の $t+j$ 時刻での制御変数の予測値，$y_{P,i}(t+j)$，を与える。その式はつぎのようにベクトル表現できる。

$$\boldsymbol{y_{P,i}} = \boldsymbol{y_{M,i}} + \boldsymbol{y_i} - \boldsymbol{y_{Mo,i}} \quad (7.39)$$

ここで

$$y_{P,i} = [y_{P,i}(t+L_i), y_{P,i}(t+L_i+1), ..., y_{P,i}(t+L_i+P_i-1)]^T$$
$$y_i = [y_i(t), y_i(t), ..., y_i(t)]^T$$

である。

この式をすべての制御変数について求め，まとめるとSISO系の予測式に相似な多変数系の出力予測式が求まる。

$$Y_P = Y_M + Y - Y_{Mo}$$
$$= Y + A_F \Delta U_n + A_o \Delta U_o \tag{7.40}$$

ここで，

$$Y_P = [y_{P,1}^T, y_{P,2}^T, \cdots, y_{P,n}^T]^T, \quad Y_M = [y_{M,1}^T, y_{M,2}^T, \cdots, y_{M,n}^T]^T$$
$$Y = [y_1^T, y_2^T, \cdots, y_n^T]^T, \quad Y_{Mo} = [y_{Mo,1}^T, y_{Mo,2}^T, \cdots, y_{Mo,n}^T]^T$$
$$\Delta U_n = [\Delta u_{n,1}^T, \Delta u_{n,2}^T, \cdots, \Delta u_{n,m}^T]^T,$$
$$\Delta U_o = [\Delta u_{o,1}^T, \Delta u_{o,2}^T, \cdots, \Delta u_{o,m}^T]^T$$

$$A_F = \begin{bmatrix} A_{F,11} & A_{F,12} & \cdots & A_{F,1m} \\ A_{F,21} & A_{F,22} & \cdots & A_{F,2m} \\ \vdots & \vdots & \ldots & \vdots \\ A_{F,n1} & A_{F,n2} & \cdots & A_{F,nm} \end{bmatrix}$$

$$A_o = \begin{bmatrix} A_{o,11} & A_{o,12} & \cdots & A_{o,1m} \\ A_{o,21} & A_{o,22} & \cdots & A_{o,2m} \\ \vdots & \vdots & \ldots & \vdots \\ A_{o,n1} & A_{o,n2} & \cdots & A_{o,nm} \end{bmatrix}$$

である。

式(7.40)が多変数系での出力予測式である。操作変数 $\Delta u_{n,j}(j=1,...n)$ は，各制御変数に与えられた目標値と予測値の二乗誤差が最小となるように決定される。

例えば，評価関数を，SISO系の評価関数式(7.32)と同じように

$$\min \quad (Y_R - Y_P)^T \Lambda (Y_R - Y_P) + \Delta U_n^T \Psi \Delta U_n \tag{7.41}$$

ととれば，操作変数 ΔU_n は，次式のように求まる．ここで，Y_R は，目標値軌道であり，その値は，操作変数 y_i ごとに，式 (7.28) か式 (7.29) のいずれかの方法により参照軌道を計算し与えられる．

$$\Delta U_n = (A_F^T \Lambda A_F + \Psi)^{-1} A_F^T \Lambda (Y_R - Y - A_o \Delta U_o) \qquad (7.42)$$

SISO 系での操作量の計算式とまったく相似であることがわかる．

******** 演習問題 ********

【1】 伝達関数行列がつぎのようなプロセスの多変数コントローラを内部モデル制御で構成したい．$G_{M+} G_{M-}$ に分解せよ．
$$G_M = \begin{bmatrix} \dfrac{1}{s+1} & \dfrac{1}{(s+1)} \\ \dfrac{-1+2s}{s+1} & \dfrac{2}{(s+1)} \end{bmatrix}$$

【2】 式 (7.14) を遅延演算子 z^{-1} でつぎのように表せることを示せ．
$$A(z^{-1})y_M(t) = z^{-1} B(z^{-1}) u(t)$$
$$A(z^{-1}) = 1 - a_1 z^{-1} - a_2 z^{-2} - \cdots - a_n z^{-n}$$
$$B(z^{-1}) = b_1 z^{-1} + b_2 z^{-2} + \cdots + b_m z^{-m}$$

【3】 上の問題の遅延演算子の多項式 $A(z^{-1})$ に対して，次式を満たす $E(z^{-1}), F(z^{-1})$ が存在したとする．
$$E(z^{-1})(1 - z^{-1})A(z^{-1}) + z^{-j} F(z^{-1}) = 1$$

この $E(z^{-1}), F(z^{-1})$ を使うことにより，$A(z^{-1})y_M(t) = z^{-1} B(z^{-1}) u(t)$ は，
$y_M(t+j) = \{1 + (1 - z^{-1})Q(z^{-1})\} y_M(t) + E(z^{-1}) z^{-1} B(z^{-1}) \Delta u(t+j)$
となることを示せ．ただし，$Q(z^{-1})$ は，$F(z^{-1}) - 1$ を $(1 - z^{-1})$ 割った商である．

【4】 任意の多項式 $A(z^{-1})$ に対して，$E(z^{-1})(1 - z^{-1})A(z^{-1}) + z^j F(z^{-1}) = 1$ を満たす $E(z^{-1}), F(z^{-1})$ を求めるアルゴリズムを MATLAB を使って書け．

【5】 モデル予測制御のシミュレータ (SISO 系) を MATLAB を使って実現せよ．

【6】 図 **4.22** の冷水・温水混合タンクにおいて多変数制御系を設計し Simulink でシミュレーションせよ．モデル予測制御の場合は，MATLAB の mpc tool box を使用してよい．

【7】 図 **4.23** の液相反応器において，多変数制御系を設計し Simulink でシミュレーションせよ。モデル予測制御の場合は，MATLAB の mpc tool box を使用してよい。

【8】 図 **4.24** の微生物反応器において，多変数制御系を設計し Simulink でシミュレーションせよ。モデル予測制御の場合は，MATLAB の mpc tool box を使用してよい。

□□□□□□□□□ 付   録 □□□□□□□□□

ラプラス変換

ここでまとめるラプラス変換の定義・特性は，古典的制御論を勉強する上で最低限理解しておいてほしいことである。特性が成り立つ証明は一切省くが，定義からどれも導けるものである。

1 定義

$f(t)$ を任意の有限区間で積分できる実変数の関数としたとき，次式で定義される積分変換を $f(t)$ のラプラス変換と呼び，$F(s) = L[f(t)]$ と表す。

$$F(s) := \int_0^\infty f(t) e^{-st} dt$$

ここで，s は複素数である。

2 ラプラス変換の特性

上述のように定義されたラプラス変換は，つぎのような特徴をもつ。

- 線形特性：$f(t), g(t)$ を任意の有限区間で積分できる実変数の関数，a, b を定数とする。このとき

  $$L[af(t) + bg(t)] = aL[f(t)] + bL[g(t)]$$

  が成り立つ。

- 合成積のラプラス変換：$f(t), g(t)$ の二つの関数の合成積

  $$f * g = \int_0^t f(t - \tau) g(\tau) d\tau$$

  のラプラス変換は，つぎのように $f(t), g(t)$ のラプラス変換の積になる。

  $$L[f(t) * g(t)] = L[f(t)] L[g(t)]$$

- 積分のラプラス変換：$f(t)$ の不定積分のラプラス変換はつぎのようになる。
$L[\int_0^t f(\tau)d\tau] = \frac{1}{s}L[f(t)]$
- 1階微分のラプラス変換：$f(t)$ の1階微分のラプラス変換はつぎのようになる。
$L\left[\dfrac{df}{dt}\right] = sL[f(t)] - f(0)$
- n 階微分のラプラス変換：1階微分のラプラス変換を n 階微分に一般化して考えるとつぎのようになる。
$L\left[\dfrac{d^n f}{dt^n}\right] = s^n L[f(t)] - s^{n-1}f(0) - s^{n-2}f'(0) \cdots - f^n(0)$
ここで $f^n(0)$ は，時刻 $t=0$ での関数 f の n 階の微係数の値。

3 プロセス制御で頻繁に出てくる関数のラプラス変換

プロセス制御において，頻繁に出てくるラプラス変換を表1にまとめておく。

表1　プロセス制御で頻出するラプラス変換

関数	ラプラス変換	関数	ラプラス変換
1	$\dfrac{1}{s}$	e^{at}	$\dfrac{1}{s-a}$
K(constant)	$\dfrac{K}{s}$	Ke^{-at}	$\dfrac{K}{s+a}$
t	$\dfrac{1}{s^2}$	$f(t-\tau)$ 無駄時間 τ	$L[f(t)]e^{-\tau s}$

引用・参考文献

1) 足立修一：ユーザのためのシステム同定理論，計測自動制御学会 (1993)
2) Bequette, B.W.：Process Dynamics: Modeling, Analysis and Simulation, Prentice Hall (1998)
3) Bird, R.B., Stewart, W.E. and Lightfoot, E.N.：Transport Phenomena, Wiley (1960)
4) Downs, J.J.,：Distillation Control in a Plantwide Control Enviroment, Chapter 20 of Practical Distillation Control, Prentice Hall (1992)
5) 藤田威雄：システム工学に基づいたプロセス計装の考え方と進め方，日本計装工業会 (1992)
6) Garcia, C.E., Morari, M.：Internal Model Control 1 - A Unifying Review and Some New Results, Ind. Eng. Chem. Process Des. Dev., 21, pp.308-323 (1982)
7) Holt, B., Morari, M.：Design of resilient processing plants V: the effect of dead time on dynamic resilience, Chemical Engineering Science, **40**, pp.1229-1237 (1985)
8) Holt, B., Morari, M.：Design of resilient processing plants VI: the effect of right half plane zeros on dynamic resilience, Chemical Engineering Science, **40**, pp.59-74 (1985)
9) 井伊谷鋼一，堀田和之：プロセス制御の基礎，朝倉書店 (1967)
10) 相良節夫，秋月影雄，中溝高好，片山徹：システム同定, 計測自動制御学会 (1981)
11) 化学工学会編，橋本健治監修：基礎化学工学，培風館 (1999)
12) 楠見千鶴子：エーゲ海ギリシャ神話の旅，講談社文庫 (1998)
13) 北森俊行：制御対象の部分的知識に基づく制御系の設計法，計測自動制御学会論文集，15‐4, pp.549‐555 (1979)

14) 早川豊彦他：化学工学，実教出版 (1996)
15) Lee, P.L. and Sullivan, G.R.：Generic Model Control (GMC), Computers and Chemical Engineering, **12**, 6, 573 (1988)
16) Luyben, W. and Luyben, M.：Essential of Process Control, McGraw-Hill (1997)
17) Luyben, W.：Process Modeling Simulation and Control for Chemical Engineers, McGraw-Hill (1989)
18) プロセス計測制御便覧編集委員会編：プロセス計装制御便覧，日刊工業 (1970)
19) 中溝高好：信号解析とシステム同定，コロナ社 (1988)
20) 中野道雄，美多勉：制御基礎理論，昭晃堂 (1982)
21) 堀内寿郎：化学熱力学講義，講談社 (1979)
22) 日本規格協会編：計測用語，日本規格協会 (1993)
23) 日本工業標準調査会：JIS　計装用記号 JISZ8204-1983(2000 確認)，日本規格協会 (2001)
24) 千本　資，花渕　太：計装システムの基礎と応用，3 章，オーム社 (1987)
25) Niederlinski,A.：A Heuristic Approach to the Design of Linear Multivariable Interacting Control Systems, Automatica, **7**, 691 (1971)
26) Najim, K., Control of Liquid Liquid Extraction Columns, Gordon and Breach Science (1988)
27) McAvoy, T.J.：Interaction Analysis,Instrument Society of America Monograph 6,ISA (1983)
28) 松山久義，橋本伊織，西谷紘一，仲勇　治：新体系化学工学「プロセスシステム工学」，オーム社 (1992)
29) Morari, M. and Zafiriou, E.：Robust Process Control, Prentice Hall (1988)
30) 水科篤郎，荻野文丸：輸送現象，産業図書 (1981)
31) 化学工学会編：化学工学便覧，第 24 章，丸善 (1999)
32) 大嶋正裕，橋本伊織，大野　弘：モデル予測制御－ SISO 系の安定性とチューニングガイドラインー，化学工学論文集，**16**, 6, pp.83-91 (1990)
33) Ogunnaike, B.A. and Ray, W.H.：Process Dynamics, Modeling and Control, Oxford (1994)

34) Prett, D.M. and Morari, M.: The Shell Process Control Workshop, Process Control Research, Butterworths, Stoneham (1987)

35) Prett, D.M. and Garcia, C.E.: Fundamental Process Control, Butterworths (1988)

36) Rivera, D.E., Morari, M. and Skogestad, S.: Internal Model Control-4, PID controller design, Ind. Eng. Chem, Process Design and Development, **25**, pp.252-265 (1986)

37) Richalet, J., Rault, A., Testud, J.L. and Papon, J.: Model Predictive Heuristic Control: Applications to Industrial Processes, Automatica, **14**, 413 (1978)

38) 京都大学工学部工業化学科：化学プロセス実験 I, II (1999)

39) Seborg, D., Edgar, T. and Mellicamp, D.: Process Dynamics and Control, Willy (1982)

40) Soeterboek, R.: Predictive Control-A Unified Approach, Prentice Hall (1992)

41) 計測自動制御協会編：プロセス制御ハンドブック，朝倉書店, pp.235-282 (1971)

42) 示村悦二郎：自動制御とは何か，コロナ社 (1990)

43) Stephanopoulos, G.: Chemical Process Control -An Introduction to Theory and Practice, Prentice-Hall (1984)

44) シンスキー著，岩永，小川，栗原，長山訳：プロセス制御システム，好学社 (1967)

45) Svrcek, W.Y., Mahoney, D. P. and Young, B.R.: Real-time Approach to Process Control, Wiley (2000)

46) 橋本芳宏：名古屋工業大学講義録 (1998)

47) 布川　昊：ラプラス変換と常微分方程式，昭晃堂 (1987)

◻◻◻◻◻◻◻◻◻ 演習問題の解答 ◻◻◻◻◻◻◻◻

1 章

注　以下の解答の詳細ならびに Simulink プログラムの答えは，http://www.cheme.kyoto-u.ac.jp/6koza/procon/index.html を参照されたい。

【1】車の制御目的は，1) 速度制限を守る，2) 道路上を走る，3) 車と衝突しない，4) 人をはねない，5) 交通規則を守る，などのこと。

制御変数は，1) 車のスピード，2) 車間距離，3) センターライン・歩道との距離，がある。

操作変数は，1) アクセル，2) ブレーキ，3) ハンドル，4) ギア　である。

【2】例えば，シャワーの水温の制御。制御変数は水温，操作変数は，熱湯栓の開度。

【3】(a)(b) はともにフィードバック制御。

【4】図 **1.11**(b) はフィードフォワード制御。図 **1.11**(a) はフィードバック制御

【5】1) 出口温度を測定しヒータの熱量を操作 (FB)，2) 入口温度を測定しヒータの熱量を操作 (FF)，3) 出口温度を測定し入口流量を操作 (FB)，などが考えられる（**解図 1.1**）。

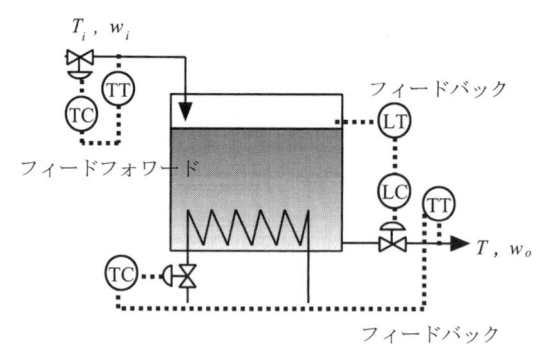

解図 **1.1**　槽型加熱器での温度のフィードバック制御

2章

【1】(a) において F_{sp} を変化させると, LC3,LC2,LC1 の順に動作し, その後, 最終製品量 $F_{product}$ が変化する。FC のコントローラにとって, 操作変数から制御変数までの時定数は, タンク3槽分となる。一方, (b) において F_{sp} を変化させると, FC,LC1,LC2,LC3 の順に動作する。FC から最終製品 Fproduct までの時定数は (a) に比べて小さい。制御系の速応性は, (b) の系の方が高い制御系が実現できる。

【2】解図 2.1

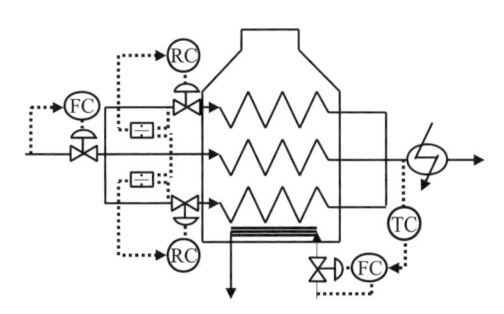

解図 2.1 ナフサ分解炉の制御系 (答)

【3】解図 2.2

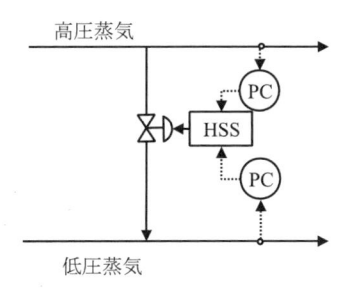

解図 2.2 スチーム用役系のオーバーライド制御系 (答)

【4】 解図 2.3

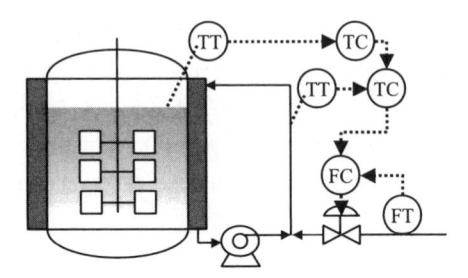

解図 2.3 反応器周りでの二重カスケード (答)

【5】 解図 2.4

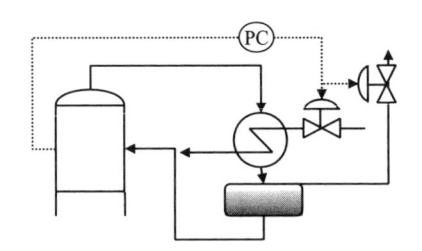

解図 2.4 蒸留塔圧力制御 (答)

3 章

【1】 線形特性のバルブ ($C_V = 40$) に関して開度と流量の関係はそれぞれつぎのようになる (図は省略)。

$$\frac{V_L(x = 0 : 10 : 100)}{V_{Lmax}}$$
$$= [0, 0.16, 0.31, 0.44, 0.56, 0.67, 0.76, 0.84, 0.9, 0.96, 1]$$ 等百分率特性の

バルブ ($C_V = 40$, $\alpha = 50$)

$$\frac{V_L(x = 0 : 10 : 100)}{V_{Lmax}}$$
$$= [0, 0.05, 0.07, 0.1, 0.15, 0.22, 0.32, 0.45, 0.63, 0.82, 1]$$

【2】 $\Delta P_{pump} = \Delta P + \rho H_2 + P_2 + \Delta P_{tube} - P_1 - \rho H_1 = 1.4 + 1 + 20 + 0.5 - 2.2$
$= 20.7 \text{ kgf/cm}^2$ のポンプの昇圧が必要となる。

【3】差圧を P〔MPa〕,電圧を V〔V〕とするとつぎの式が成り立つ。
$$P = 10(V-1)/(5-1), \quad V = (5-0)x/4095, \quad y = 1/\rho P$$
よって,$y = \dfrac{2.5}{\rho}(\dfrac{x}{819} - 1)$ となる。

4 章

【1】それぞれのタンクで物質収支式はつぎの式が導ける。

- (円柱型タンク) $2\rho L\sqrt{(R^2 - (R-h)^2)}\dfrac{dh}{dt} = \rho v_i - \rho v_o$
- (球形型タンク) $\rho\pi(2Rr - r^2)\dfrac{dh}{dt} = \rho v_i - \rho v_o$
- (円錐型タンク) $\rho\pi(\dfrac{R}{L})^2 h^2 \dfrac{dh}{dt} = \rho v_i - \rho v_o$

〈ヒント〉液体積はそれぞれのタンクでつぎのようになる。

$V = 2L\int_0^h \sqrt{(R^2-(R-r)^2)}dr$ (円柱); $V = \int_0^h (2Rr-h^2)\pi dr$ (球形); $V = \dfrac{1}{3}\pi(\dfrac{R}{L})^2 h^3$ (円錐)

応答の図は省略

【2】プロセス変数は,$v_1, v_2, v_3, V, C_{A1}, C_{A3}, C_{B2}, C_{B3}, T_1, T_2, T_3, Q$ の 12 変数,方程式は

$$\dfrac{d\rho V}{dt} = \rho v_1 + \rho v_2 - \rho v_3$$

$$\dfrac{dC_{A3}V}{dt} = C_{A1}v_1 - C_{A3}v_3$$

$$\dfrac{dC_{B3}V}{dt} = C_{B2}v_2 - C_{B3}v_3$$

$$\dfrac{d\rho V c_{p3}(T_3 - T_o)}{dt} - \Delta\overline{H}_{fB}\dfrac{dVC_{B3}}{dt}$$
$$= \rho v_1 c_{p1}(T_1 - T_o) + \rho v_2 c_{p2}(T_2 - T_o) - \rho v_3 c_{p3}(T_3 - T_o)$$
$$+ v_3 C_{B3}\Delta\overline{H}_{fB} - Q$$

の四つ。よって,プロセス自由度 $= 8$。題意より外乱が,$v_2, C_{A1}, C_{B2}, T_1, T_2$ であるため,制御自由度 $= 3$。

【3】プロセス変数は,$V, T, T_i, v_i, v_o, C_{Ai}, C_A, C_B, Q$ の 9 変数,方程式は

$$\dfrac{d\rho V}{dt} = \rho v_i - \rho v_o$$

の四つ。よってプロセス自由度＝5。題意より，外乱を v_i，自由に決められない変数が T_i, C_{Ai}, であるため，制御自由度＝2。

【4】 A 成分に関する物質収支は

$$\frac{dVC_A}{dt} = v_i C_{Ai} - C_V a \sqrt{\frac{P-P_d}{\rho}} C_A - k_1 C_A C_B V$$

B 成分に関する物質収支は

$$\frac{dVC_B}{dt} = v_i C_{Bi} - C_V a \sqrt{\frac{P-P_d}{\rho}} C_B + k_1 C_A C_B V$$

反応器内の圧力 P は

$$P = (C_A + C_B)RT$$

となる。

【5】 伝達関数は

$$\frac{L(\delta C_A)}{L(\delta v_i)} = \frac{(C_{Ai}^* - C_A^*)(s+\alpha) - kC_A^*}{(s+\alpha)(V^* s + v_i^* + kV^*)}$$

となる。ここで * は，定常値を示す。

【6】 定常値は，微分方程式の微分項をゼロとして求める。その結果，$q_h = 8\,\mathrm{m^3/h}$，$q_c = 12\,\mathrm{m^3/h}$ となる。

さらに物質収支式をつぎのように変形し，シミュレータ (`mixing_tank.mdl`) が構築できる。

$$\frac{dh}{dt} = q_h + q_c - \phi\sqrt{h}$$

$$\frac{dT}{dt} = q_h(T_h - T)/h + q_c(T_c - T)/h$$

【7】 物質収支式をつぎのように変形し，シミュレータ (`liquid_reactor.mdl`) が設計できる。

$$\frac{dV}{dt} = F_i - \phi V$$

$$\frac{dC_A}{dt} = F_i(C_{Ai} - C_A)/V - kC_A$$

【8】 反応器内は完全混合状態であることから微生物と基質の物質収支はそれぞれ

$$V\frac{dC_{bio}}{dt} = v_i C_{bioin} - v_o C_{bio} + V r_G$$

$$V\frac{dC_{sub}}{dt} = v_i C_{subin} - v_o C_{sub} - V r_s$$

となる。この収支式からシミュレータ (`bio_reactor.mdl`) が設計できる。

5章

【1】 $F(s) = 1/(s-\alpha)$ を逆ラプラス変換すると $f(t) = \exp(\alpha t)$ となることより明らか。

【2】 ラプラス変換の定義より明らか。

【3】 図 5.4 において，$\epsilon(s)$ から操作量 $u(s)$ への伝達関数は

$$u(s) = \frac{G_c(s)}{1 + G_c(s)G_M(s)}\epsilon(s)$$

操作量 $u(s)$ から伝達関数 $\epsilon(s)$ への伝達関数は

$$\epsilon(s) = r(s) - (G_P(s)e^{-\tau} - G_M(s)e^{-\tau_M d s})u(s)$$

となる。したがって，$r(s)$ から $y(s)$ への伝達関数は次式のようになる。

$$\frac{y(s)}{r(s)} = \frac{G_c(s)G_P(s)}{1 + G_c(s)(G_P(s)e^{-\tau s} + G_M(s) - G_M(s)e^{-\tau_M d s})}$$

上式に，$G_P(s)e^{-\tau s} = G_M(s)e^{-\tau_M d s}$ の関係を使うことにより，式 (5.12) が導ける。

【4】 モデルを
$$G_{M-}(s) = \frac{K_M}{(1+\tau_M s)(1+\frac{\tau_{Md}}{2}s)}$$
と
$$G_{M+}(s) = 1 - \frac{\tau_{Md}}{2}s$$
に分解する。
このとき IMC のコントローラ $G_c(s)$ は

$$G_c(s) = f(s)G_{M-}^{-1} = \frac{(1+\tau_M s)(1+\frac{\tau_{Md}}{2}s)}{K_M(1+\alpha s)}$$

と設計できる。式 (5.10) の関係を使うと $C(s)$ は

$$C(s) = \frac{2\frac{\tau_M}{\tau_{Md}}+1}{K_M(2\frac{\alpha}{\tau_{Md}}+1)}\{1 + \frac{1}{(\tau_M + \frac{\tau_{Md}}{2})s} + \frac{\tau_M}{(2\frac{\tau_M}{\tau_{Md}}+1)}s\}$$

と PID コントローラとなる。

【5】制御変数 y と設定値 r 間の伝達特性は

$$(1+K\Delta a_o)y + (a_1 + K\Delta a_1)\frac{dy}{dt} + (a_2 + K\Delta a_2)\frac{d^2y}{dt^2} = K_c K \int (r-y)dt$$

両辺をさらに微分して y について整理すると

$$y + \frac{1+K\Delta a_o}{K_c K}\frac{dy}{dt} + \frac{a_1 + K\Delta a_1}{K_c K}\frac{d^2y}{dt^2} + \frac{a_2 + K\Delta a_2}{K_c K}\frac{d^3y}{dt^3} = r$$

となる。
これより, $\Delta a_1 = -(a_1/K), \Delta a_2 = -(a_2/K), K_c$ と Δa_o は $(1+K\Delta a_o)/K_c K = \alpha$ を満たすように設定することにより, 希望の伝達特性が実現できることがわかる。

6 章

【1】 $\lambda_{11} = \lambda_{22} = \dfrac{(12.8)(-19.4)}{(12.8)(-19.4)-(-18.9)(6.6)} = 2.01$

RGA は, つぎのようになる。

	u_1	u_2
y_1	2.01	-1.01
y_2	-1.01	2.01

【2】 $w_A \iff u_1(=v_1+v_2), v_3 \iff u_2(=v_1)$ のオープンループゲインは, $w_A = \frac{u_2}{u_1}, v_3 = u_2$ の関係から

$$\frac{\partial w_A}{\partial u_1} = -\frac{u_2}{u_1^2}, \qquad \frac{\partial w_A}{\partial u_2} = \frac{1}{u_1}$$

$$\frac{\partial v_3}{\partial u_1} = 1, \qquad \frac{\partial v_3}{\partial u_2} = 0$$

この関係を使って，相対ゲインを計算すると

	u_1	u_2
w_A	0	1
v_3	1	0

したがって，u_1 で v_3 を，u_2 で w_A を制御する多重ループ制御系では干渉が少ない．

【3】操作変数の変化に対する制御変数のゲインにはつぎの関係が成り立つ．

$$\frac{\partial P}{\partial u_1} = -k_1 \frac{\partial v_g}{\partial u_1} \qquad \frac{\partial P}{\partial u_2} = k_2 \frac{\partial v_g}{\partial u_2}$$

この関係を使って $P \iff u_1, v_g \iff u_2$ のペアリングの相対ゲインを計算すると

$$\lambda = \frac{\dfrac{\partial P}{\partial u_1} \dfrac{\partial v_g}{\partial u_2}}{\dfrac{\partial P}{\partial u_1} \dfrac{\partial v_g}{\partial u_2} - \dfrac{\partial v_g}{\partial u_1} \dfrac{\partial P}{\partial u_2}} = \frac{1}{1 + \dfrac{k_2}{k_1}}$$

$(k_2/k_1) > 1$ ならば，$\lambda < 0.5$ となる．よって，相対ゲインが 1 に近くなるペアリングは，考えた逆のペアリング $P \iff u_2, v_g \iff u_1$ となる．$(k_2/k_1) < 1$ ならば，考えたペアリングとなる．

【4】$h \iff q_c$ と $T \iff q_h$ のペアリングで多重ループの制御系を組む (`mixing_tankPID.mdl`)．

【5】ゲイン行列は，つぎのように求まる．

	F_i	C_{Ai}
V	1.2	0
C_A	0	0.5

これより，$\lambda_{11} = 1.0$ と計算でき，$V \iff F_i$ と $C_A \iff C_{Ai}$ のペアリングで多重ループの制御系を組む (`liquid_reactorPID.mdl`)．

【6】$C_{bio} \iff C_{bioin}$ と $C_{sub} \iff C_{subin}$ のペアリングで多重ループの制御系を組む (`bio_reactorPID.mdl`)．

【7】温度制御系がオープンループ不安定系であるため，反応器温度を，冷却水温度を操作変数として制御する PI 制御系をまず構築する必要がある．そののち，ステップ応答テストを行ってループペアリングを決定する (`GasreactorPID.mdl`)．

7章

【1】 G_M の分解は一意ではなく，例えばつぎのようなものがある．

$$\begin{bmatrix} \dfrac{-2s+1}{2s+1} & 0 \\ 0 & \dfrac{-2s+1}{2s+1} \end{bmatrix} \begin{bmatrix} \dfrac{2s+1}{(s+1)(-2s+1)} & \dfrac{2s+1}{(s+1)(-2s+1)} \\ \dfrac{-(2s+1)}{(s+1)} & \dfrac{2(2s+1)}{(s+1)(-2s+1)} \end{bmatrix}$$

$$\begin{bmatrix} \dfrac{-2s+1}{2s+1} & \dfrac{2}{2s+1} \\ 0 & 1 \end{bmatrix} \begin{bmatrix} \dfrac{-2s+3}{(s+1)(-2s+1)} & \dfrac{2s-3}{(s+1)(-2s+1)} \\ \dfrac{2s-1}{s+1} & \dfrac{2}{(s+1)} \end{bmatrix}$$

【2】 自明

【3】 上問で求めた式の両辺に，$(1-z^{-1})E(z^{-1})$ を乗じ
$(1-z^{-j})F(z^{-1}) = (1-z^{-1})E(z^{-1})A(z^{-1})$ の関係を使って整理すると，
$$y_M(t+j) = F(z^{-1})y_M(t) + E(z^{-1})z^{-1}B(z^{-1})(1-z^{-1})u(t+j)$$
となる．

さらに $F(z^{-1}) = z^j\{1-(1-z^{-1})E(z^{-1})A(z^{-1})\}$ の関係に，$z^{-1}=1$ を代入すると右辺=1 が成り立つ．

すなわち，$(1-F(z^{-1}))$ は $(1-z^{-1})$ で割りきれる．その商を $Q(z^{-1})$ とすると
$$F(z^{-1}) = 1 + (1-z^{-1})Q(z^{-1})$$
が成り立つ．これにより，最終的に
$$y_M(t+j) = \{1+(1-z^{-1})Q(z^{-1})\}y_M(t)$$
$$+E(z^{-1})z^{-1}B(z^{-1})(1-z^{-1})u(t+j)$$
を得る．

【4】 $E(z^{-1})(1-z^{-1})A(z^{-1}) + z^{-j}F(z^{-1}) = 1$ を満たす $E(z^{-1}), F(z^{-1})$ はつぎのプログラムで得られる．

```
function [E,F]=Diophan(A,J)
%%*****************************************
% Diohapnten equation
% 1=Ej(z^-1)A(z^-1)(1-z^-1) + z^-jFj(z^-1)
%******************************************
%N=The degree of polynomial A(z^-1)
% example A=[1,0.9,0.14];
%N1= The number of coefficients in A(z^-1)   N1=3
%A=Coefficients Vector of the polynomial A(z^-1)
%AD=Coefficients Vector of the polynomial A(z^-1)(1-z^-1)
%E=Coefficients Vector of the polynomial Ej(z^-1)
%F=Coefficients Vector of the polynomial Fj(z^-1)
E=[];F=[];AD=[];
```

```
    if A(1)~=1.0;A=A/A(1);end
    N1=length(A);
    AD(1)=1.0;
    AD(N1+1)=-A(N1);
    for i=2:N1; AD(i)=A(i)-A(i-1);end
        E(1)=1.0;
      if J==1;
        for i=1:N1;F(i)=-AD(i+1);end
      end
      if J>1
        for i=2:J; E(i)=0.0;
            for k=1:i-1; if i-k+1>N1;AC=0.0;else AC=AD(i-k+1);
                            end
                E(i)=E(i)-AC*E(k);
            end
        end
        for i=1:N1
            F(i)=0.0;
            for k=1:J;if J+i-k+1>N1+1;AC=0.0;else AC=AD(J+i-k+1);
             end;
                F(i)=F(i)-AC*E(k);
            end; end; end;
```

【5】 モデル予測制御のアルゴリズム例

```
function [yobs,u]=MPC11(FSRp,FSRm,simstep,rttype,L,P,M,…
  alf,weighty,weightu,const_u,sp,step_r,dist,step_d)
% ----------------------------------------------------
% *** Model Predictive Control for SISO System ***
% Coded by Manabu KANO, Kyoto Univ.,   Nov. 01, 1995
%   last updated : Feb. 10, 2001
%
% USAGE :
% [yobs,u]=MPC11(FSRp,FSRm,simstep,rttype,L,P,M,alf,.....
%   weighty,weightu,const_u,sp,step_r,dist,step_d);
%
% DESCRITION :
% This function executes SISO MPC.
%
% --- Input ---
% FSRp : step response coef. of process
% FSRm : step response coef. of model
%    < option >
% simstep : simulation step
% rttype : type of reference trajectory
%    If rttype=0, reference trajectory is not used.
% L,P,M,alf : control parameters
% weighty : output weight
% weightu : input weight
% const_u = [u_max u_min du_max du_min]
%    du(t) = u(t)-u(t-1)
% sp, step_r : setpoint, step
% dist, step_d : disturbance, step
%
% --- Output ---
% yobs : controlled output
% u : input
%
% --- Example ---
% FSRp = [0; 0; 0; step(4,[12 1],1:81)];
```

```
% FSRm = [0; 0; 0; step(3,[10 1],1:81)];
% simstep = 100;
% rttype = 2; L = 4; P = 10; M = 2; alf = 0.5;
% weighty = 1;
% weightu = 0;
% const_u = [inf -inf inf -inf];
% sp      = 10; step_r = 10;
% dist = 10; step_d = 50;
% [yobs,u]=MPC11(FSRp,FSRm,simstep,rttype,L,P,M,alf,.....
%  weighty,weightu,const_u,sp,step_r,dist,step_d);
% ---------------------------------------------------

if nargin < 15 | isempty(step_d),  step_d = 0; end
if nargin < 14 | isempty(dist),    dist = 0; end
if nargin < 13 | isempty(step_r),  step_r = 10; end
if nargin < 12 | isempty(sp),      sp = 1; end
if nargin < 11 | isempty(const_u), const_u = [inf -inf inf -inf]; end
if nargin < 10 | isempty(weightu), weightu = 0; end
if nargin <  9 | isempty(weighty), weighty = 1; end
if nargin <  8 | isempty(alf),     alf = 0.5; end
if nargin <  7 | isempty(M),       M = 1; end
if nargin <  6 | isempty(P),       P = 1; end
if nargin <  5 | isempty(L),       L = length(find(FSRm==0))+1; end
if nargin <  4 | isempty(rttype),  rttype = 1; end
if nargin <  3 | isempty(simstep), simstep = length(FSRm); end

%----- Step Response Coefficients -----
[row,col] = size(FSRp);
if row>col, FSRp=FSRp'; end
[row,col] = size(FSRm);
if row>col, FSRm=FSRm'; end
Pdim   = length(FSRp);
Mdim   = length(FSRm);
Maxdim = max(Mdim,Pdim);

%----- Display -----
fprintf(' \n')
fprintf(' ********************************************** \n')
fprintf('      Model Predictive Control Simulation \n')
fprintf(' \n')
fprintf('    <Setting> \n')
fprintf('      Reference Trajectory Type : %g \n' ,rttype)
fprintf('      Control Parameters : L=%g, P=%g, M=%g \n' ,L,P,M)
fprintf('                           alpha=%g \n' ,alf)
fprintf('                           weighty=%g \n' ,weighty)
fprintf('                           weightu=%g \n' ,weightu)
fprintf('      Setpoint=%g \n' ,sp)
fprintf('      Simulation Steps=%g \n' ,simstep)
fprintf(' \n')
fprintf(' ********************************************** \n')

weighty = weighty*eye(P);
weightu = weightu*eye(M);


% //////////////////////////////////////////////////////
%              MATRIX CALCULATION SECTION
% //////////////////////////////////////////////////////

%----- Initializing Matrices -----
```

```
Dpao = zeros(1,Pdim);
Dmaf = zeros(L+P-1,M);
Dmao = zeros(L+P-1,Mdim);

%----- Dynamic Matrix -----
FSRp(1,Pdim+1) = FSRp(1,Pdim);
Dpao(1,:) = FSRp(1,2:Pdim+1)-FSRp(1,1:Pdim);
FSRp1 = FSRp(1);

%----- Past Input Matrix -----
FSRm(1,Mdim+1:Mdim+L+P-1) = ones(1,L+P-1)*FSRm(1,Mdim);
for i=1:L+P-1;
  Dmao(i,:) = FSRm(1,i+1:i+Mdim)-FSRm(1,1:Mdim);
end
Aomat = Dmao(L:L+P-1,1:Mdim);
if rttype==2 & L~=1;
  Ao2 = Dmao(L-1,1:Mdim);
end

%----- Future Input Matrix -----
for i=L:L+P-1;
  for j=1:M;
    if i-j+1>0
      if i-j+1>=Mdim
        Dmaf(i,j) = FSRm(1,Mdim);
      else
        Dmaf(i,j) = FSRm(1,i-j+1);
      end
    end
  end
end
if rttype==2 & L~=1;
    Dmaf(L:L+P-1,1) = Dmaf(L:L+P-1,1)-alf.^((L:L+P-1)'-L+1)*FSRm(1,L-1);
end
Afmat = Dmaf(L:L+P-1,1:M);

%----- Gain Matrix -----
Gain = Afmat'*weighty*Afmat+weightu;

clear Dmao Dmaf FSRp FSRm


% ////////////////////////////////////////////////////////
%                   SIMULATION SECTION
% ////////////////////////////////////////////////////////

%----- Initialization -----
yobs = 0;
y   = zeros(simstep,1);
du  = zeros(simstep,1);
u   = zeros(simstep,1);
uf  = zeros(M,1);
uo  = zeros(Maxdim,1);
yr  = zeros(P,1);

% ================= SIMULATION LOOP STARTS ==================
for time=1:simstep;

%----- Disturbance and Setpoint Change -----
if time<step_d
  yobs(time,1) = y(time,1);
```

```
  else
    yobs(time,1) = y(time,1)+dist;
  end
  if time<step_r
    ysetpoint(time,1) = 0;
  else
    ysetpoint(time,1) = sp;
  end

  %----- Reference Trajectory -----
  alfP = alf.^(1:P)';
  if rttype==0
    yr(1:P,1) = ones(P,1)*ysetpoint(time,1);
  elseif rttype==1 | L==1
    yr(1:P,1) = alfP*yobs(time,1)+(1-alfP)*ysetpoint(time,1);
  elseif rttype==2
    yr(1:P,1) = alfP*(yobs(time,1)+Ao2*uo(1:Mdim,1))+(1-alfP)*ysetpoint(time,1);
  end

  %----- Calculating Input -----
  yf = ones(P,1)*yobs(time,1)+Aomat*uo(1:Mdim,1);
  er = yr-yf;
  uf = Gain\Afmat'*weighty*er;
  du(time,1) = uf(1);

  %----- Input Constraints -----
  if du(time,1)>const_u(3), du(time,1) = const_u(3); end
  if du(time,1)<const_u(4), du(time,1) = const_u(4); end

  if time==1
    u(time,1) = du(time,1);
  else
    u(time,1) = u(time-1,1)+du(time,1);
  end
  if u(time,1)>const_u(1)
    if time==1
      du(time,1) = const_u(1);
      u(time,1)  = const_u(1);
    else
      du(time,1) = const_u(1)-u(time-1,1);
      u(time,1)  = const_u(1);
    end
  end
  if u(time,1)<const_u(2)
    if time==1
      du(time,1) = const_u(2);
      u(time,1)  = const_u(2);
    else
      du(time,1) = const_u(2)-u(time-1,1);
      u(time,1)  = const_u(2);
    end
  end

  %----- Calculating Process Output -----
  y(time+1,1) = y(time,1)+FSRp1*du(time,1)+Dpao*uo(1:Pdim,1);

  %----- Input and Output Arrangement -----
  for i=Maxdim:-1:2;
    uo(i,1) = uo(i-1,1);
  end
  uo(1,1) = du(time,1);
```

```
end
% ================== SIMULATION LOOP ENDS ==================
% ////////////////////////////////////////////////////////
%                  EVALUATION SECTION
% ////////////////////////////////////////////////////////
clf
subplot(2,1,1)
plot(1:simstep,yobs,'b*',1:simstep,ysetpoint,'r.')
xlabel('time-steps'),ylabel('output'),grid
title('Simulation of Model Predictive Control')

subplot(2,1,2)
plot(u,'b*')
xlabel('time-steps'),ylabel('input'),grid
```

【6】 Matlab のモデル予測制御 toolbox を使って作成する。(`mixing_tankmpc.mdl`)

【7】 Matlab のモデル予測制御 toolbox を使って作成する。(`liquid_reacmpc.mdl`)

【8】 Matlab のモデル予測制御 toolbox を使って作成する。(`bio_reacmpc.mdl`)

索 引

【あ】

アクチュエータ 10, 56, 62
圧縮機 38, 40
安全性 5
安定化 6
安定条件 125
安定性 125
　——の条件 124

【い】

位相 123
一次遅れ 98, 105, 117, 132
一次遅れ系 97, 98, 115, 129
一次反応 75, 110
1入力1出力系 26
位置のエネルギー 75
一般モデル制御 130

【う】

運動エネルギー 75

【え】

エア・トゥー・オープン 46, 62
エア・トゥー・クローズ 62
液相反応器 110, 147, 172
液レベル制御 44
エネルギー収支 75
エンタルピー収支 85

【お】

オークショナリング制御 39
オーバーライド制御 36

オフセット 44
オペレータ 5
オレンジジュース製造プロセス 4, 74
温水器 79

【か】

解像度 60
外乱 3
　——の抑制 6
　——の予測 163
重ね合わせの原理 158
カスケード制御 32, 134, 135
加熱炉 52
管型反応器 39
環境保護・規制の遵守 6
缶出液 22
干渉 28
干渉指数 137
完全混合 25
完全混合槽 25
還流液 91
還流量 22

【き】

機械的仕事 77
規格外品 19
希釈タンク 90
希釈熱 85
気相重合反応器 147
気相反応器 109
擬定常状態 91
機能記号 50
極 99

ギリシャ神話 24
緊急避難運転 19

【く】

組立産業 1

【け】

経済性 5
計装記号 50
計装基本記号 49
ゲイン行列 138
限界周波数 144
検出器 10
現象論的モデル 71
顕熱 78, 82
原料調整工程 2, 4

【こ】

合成積 173
構成方程式 72
個別番号 51
混合タンク 28, 74, 86
コントローラ 56
コンバータ 57

【さ】

最終処理工程 2
最小二乗法 166
最大Logモジュラス法 144
参照軌道 164

【し】

軸仕事 77
仕事 76

索引

システム設計の基本　17
実　装　17, 47
時定数　97
始動・停止運転　18
集中監視室　56
柔軟性　6
周波数応答　123
出力変数　26
出力・目標値一致希望区間　156
出力予測式　163
手　動　155
蒸気発生器　80
状態変数　26
蒸発潜熱　80, 91
蒸留塔　22, 30, 53, 91
蒸留塔圧力制御　54
蒸留の起源　24
振動系　98, 101

【す】

ステップ応答　98
ステップ応答法　105
ステップ応答モデル　157
スプリットレンジ制御　40
スペック変更運転　19
スミス補償器　120

【せ】

正逆動作切り替えスイッチ　48
制御アルゴリズム　10
制御システムの構造　26
制御自由度　89
制御変数　10
制御ホライズン　156
制御目的　18, 19
生産性　5
生成熱　82
性能の最適化　6
制約条件　19
積分系　98, 107
積分時間　43, 119

積分要素　43
堰方程式　92
設定値　10
ゼロ点　99
線形特性　67, 173
線形モデル　95
センサ　10, 55
選択制御　35
選択論理　36
潜　熱　78

【そ】

槽型温水器　79
槽型反応器　83
操作変数　10
相対ゲイン行列　139
相対誤差　61
相変化　78, 80

【た】

代替変数　20
滞留時間　97
多重ループ制御　27, 28, 133
多入力多出力系　27
多変数 IMC　153
多変数制御　27, 152
ターボ式ポンプ　68
単位ステップ入力　98
段効率　91
ダンピングファクタ　101

【ち】

蓄積量　122
チューニング　17
チューニングガイドライン　167
貯留サイロ　99
貯留タンク　96, 100, 108

【つ】

通常運転　18

【て】

定圧比熱　78
定常ゲイン　99
定常状態　95
定常偏差　44
定値制御　95
定容比熱　78
テーラー展開　95
伝送器　10, 55
伝達関数　96, 98, 112
伝達関数行列　152

【と】

動的相対ゲイン　141
等百分率特性　67
特性方程式　125
トレードオフ　127
　　――の問題　55

【な】

ナイキスト線図　123
内部エネルギー　75
内部モデル制御　112, 115, 118, 134, 152

【に】

二次遅れ系　98, 101, 106, 119, 131
二重カスケード制御　53
ニーダレンスキー指標　138
入力変数　23

【ね】

ネガティブフィードバック　13
熱エネルギー　75
熱交換器　7
熱力学の第一法則　76

【は】

バッチ反応器　8
バッチプロセス　8

ハードウェア 55	フェールセーフ 62	【む】
パーフェクトモデル 113	物質収支 73	無次元化 47
パラメトリックモデル 160	物理モデル 71	むだ時間
バルブ係数 33	ブラックボックスモデル 71	117, 120, 132, 165
バルブ（弁） 62	プラント 3	むだ時間系 98, 100, 105
——の流動特性 67	プラントワイドコントロール 29	【も】
バルブポジション制御 41	プロセス 1, 2	
反応工程 2	プロセスガスクロマトグラフ 22	モデリング 71
反応次数 75		モデル誤差 114
反応速度 75	プロセス産業 1	モデルベースド制御手法 127
反応熱 82	プロセス自由度 89	
【ひ】	プロセス制御 5	モデル予測制御 157
	プロセス制御システム 1, 5	——の基本的考え方 167
非最小位相系	プロセス設計法 3	【よ】
98, 101, 116, 117, 165	プロセス方程式 89	
非振動系 101	ブロック線図 102	溶解熱 80, 85
微生物反応器 111, 147, 172	ブロワ 69	容積式ポンプ 68
微分希釈熱 86	分布定数系 39	予測式 166
微分時間 43, 119	分離・精製工程 2, 4	予測制御 156
微分要素 43	【へ】	予測ホライズン 156
評価関数 19		【ら】
標準生成熱 82	ペアリング 137	
比例ゲイン 43, 119	ベルヌーイの法則 6	ラプラス演算子 96
比例制御 43	変換器 10, 55, 57	ラプラス変換 96, 173
比例・積分制御 45	——のゲイン 59	【り】
比例積分動作 43	——のスパン 59	
比例積分微分動作 43	——のゼロ 59	リセットタイム 43
比例帯 47, 48	——の測定精度 59	理想気体則 81, 82
比例動作 43	偏差 12, 43	留出液 22, 91
比例要素 43	変量記号 49	量子化誤差 60
品質 6		量論係数 83
【ふ】	【ほ】	臨界非振動系 101
	ボイラ 36, 80	【る】
ファイナル・コントロール・エレメント 10	放置変数 26	
	ポジティブフィードバック 13	ループペアリング 27
ファン 69		【れ】
フィード 91	保存則 72	
フィードバック制御 11	ボード線図 123	冷水・温水混合タンク 109, 147, 171
——の考え方 10	ホールドアップ 91	
フィードフォワード制御 13, 133	ポンプ・圧縮機 67	レシオ制御 34
		連続槽型反応器 74, 109
フィルタ 114, 127		連続プロセス 8
フィールドバス 56		

【ろ】

ロバスト安定性　　127

【わ】

ワイルドストリーム　　34

【A】

AC　　62
A/D　　57
all path filter　　117
AO　　62

【B】

BLT　　144

【C】

cold start-up　　18

【D】

D/A　　57
DCS　　56
Diophantine 方程式　　162
direct　　49

【E】

eyeball fitting　　105

【G】

GMC　　130

【H】

High Selector Switch　　36
hot start-up　　18

【I】

IMC　　115, 134
invertable　　153
I-PD 制御　　127

【L】

Low Selector Switch　　36

【M】

moving horizon　　157

【N】

NI　　139
Niederlinski Index　　138
non-invertable　　153

【O】

off-spec 品　　19
On-Off 制御　　42

【P】

P & I ダイアグラム　　49
PID コントローラ　　43, 119, 131
PID 制御　　43, 112
prediction horizons　　156

【R】

reverse　　49
RGA　　139, 140

【S】

shutdown　　18
stability condition　　124
superviory computer　　57

――著者略歴――

- 1981年 京都大学工学部化学工学科卒業
- 1986年 京都大学大学院博士後期課程修了（化学工学専攻）
- 1987年 工学博士（京都大学）
- 1994年 宮崎大学助教授
- 1996年 京都大学助教授
- 2001年 京都大学教授
      現在に至る

プロセス制御システム
Process Control Systems

© Masahiro Ohshima 2003

2003年 7 月11日 初版第 1 刷発行
2022年 7 月20日 初版第 6 刷発行

検印省略	著　者	大 嶋 　正 　裕
	発行者	株式会社　コロナ社
		代表者　牛来真也
	印刷所	壮光舎印刷株式会社
	製本所	株式会社　グリーン

112-0011　東京都文京区千石 4-46-10
発 行 所　株式会社　コロナ社
CORONA PUBLISHING CO., LTD.
Tokyo Japan
振替00140-8-14844・電話(03)3941-3131(代)
ホームページ　https://www.coronasha.co.jp

ISBN 978-4-339-03314-4　C3353　Printed in Japan　　　　（藤田）

〈出版者著作権管理機構 委託出版物〉
本書の無断複製は著作権法上での例外を除き禁じられています。複製される場合は、そのつど事前に、出版者著作権管理機構（電話 03-5244-5088, FAX 03-5244-5089, e-mail: info@jcopy.or.jp）の許諾を得てください。

本書のコピー、スキャン、デジタル化等の無断複製・転載は著作権法上での例外を除き禁じられています。購入者以外の第三者による本書の電子データ化および電子書籍化は、いかなる場合も認めていません。
落丁・乱丁はお取替えいたします。

計測・制御テクノロジーシリーズ

(各巻A5判，欠番は品切または未発行です)

■計測自動制御学会 編

	配本順			頁	本体
1.	(18回)	計測技術の基礎（改訂版）―新SI対応―	山崎 弘一郎／田中 充 共著	250	3600円
2.	(8回)	センシングのための情報と数理	出口 光一郎／本多 敏 共著	172	2400円
3.	(11回)	センサの基本と実用回路	中沢 信明／松井 利一／山田 功 共著	192	2800円
4.	(17回)	計測のための統計	寺本 顕武／椿 広計 共著	288	3900円
5.	(5回)	産業応用計測技術	黒森 健一他	216	2900円
6.	(16回)	量子力学的手法によるシステムと制御	伊丹・松井／乾・全 共著	256	3400円
7.	(13回)	フィードバック制御	荒木 光彦／細江 繁幸 共著	200	2800円
9.	(15回)	システム同定	和田・奥／田中・大松 共著	264	3600円
11.	(4回)	プロセス制御	高津 春雄 編著	232	3200円
13.	(6回)	ビークル	金井 喜美雄他	230	3200円
15.	(7回)	信号処理入門	小畑 秀文／浜田 望／田村 安孝 共著	250	3400円
16.	(12回)	知識基盤社会のための人工知能入門	國藤 進／中田 豊久／羽山 徹彩 共著	238	3000円
17.	(2回)	システム工学	中森 義輝 著	238	3200円
19.	(3回)	システム制御のための数学	田村 捷利／武藤 康彦／笹川 徹史 共著	220	3000円
21.	(14回)	生体システム工学の基礎	福岡 豊／内山 孝憲／野村 泰伸 共著	252	3200円

定価は本体価格＋税です。
定価は変更されることがありますのでご了承下さい。

図書目録進呈◆

システム制御工学シリーズ

（各巻A5判，欠番は品切です）

■編集委員長　池田雅夫
■編集委員　足立修一・梶原宏之・杉江俊治・藤田政之

配本順		書名	著者	頁	本体
2.	(1回)	信号とダイナミカルシステム	足立修一著	216	2800円
3.	(3回)	フィードバック制御入門	杉江俊治・藤田政之共著	236	3000円
4.	(6回)	線形システム制御入門	梶原宏之著	200	2500円
6.	(17回)	システム制御工学演習	杉江俊治・梶原宏之共著	272	3400円
8.	(23回)	システム制御のための数学（2）―関数解析編―	太田快人著	288	3900円
9.	(12回)	多変数システム制御	池田雅夫・藤崎泰正共著	188	2400円
10.	(22回)	適応制御	宮里義彦著	248	3400円
11.	(21回)	実践ロバスト制御	平田光男著	228	3100円
12.	(8回)	システム制御のための安定論	井村順一著	250	3200円
13.	(5回)	スペースクラフトの制御	木田隆著	192	2400円
14.	(9回)	プロセス制御システム	大嶋正裕著	206	2600円
15.	(10回)	状態推定の理論	内田健康・山中一雄共著	176	2200円
16.	(11回)	むだ時間・分布定数系の制御	阿部直人・児島晃共著	204	2600円
17.	(13回)	システム動力学と振動制御	野波健蔵著	208	2800円
18.	(14回)	非線形最適制御入門	大塚敏之著	232	3000円
19.	(15回)	線形システム解析	汐月哲夫著	240	3000円
20.	(16回)	ハイブリッドシステムの制御	井村順一・東俊一・増淵泉共著	238	3000円
21.	(18回)	システム制御のための最適化理論	延瀬昇・山部英沢共著	272	3400円
22.	(19回)	マルチエージェントシステムの制御	東俊一・永原正章編著	232	3000円
23.	(20回)	行列不等式アプローチによる制御系設計	小原敦美著	264	3500円

定価は本体価格＋税です。
定価は変更されることがありますのでご了承下さい。

図書目録進呈◆